ÉLÉMENTS

DE

GÉOMÉTRIE PLANE

A L'USAGE

DES ÉLÈVES DU COLLÈGE ROYAL FRANÇAIS

PAR

O. BAER,
DOCTEUR EN PHILOSOPHIE.

BERLIN.
GEORGE REIMER, IMPRIMEUR-LIBRAIRE.
1887.

TABLE DES MATIÈRES.

CHAPITRE I.

NOTIONS PRÉLIMINAIRES.

1. Une portion de l'espace limitée de toutes parts s'appelle un *corps*.

La limite d'un corps, c'est-à-dire ce qui le sépare de l'espace environnant, s'appelle une *surface*.

La limite d'une portion de surface s'appelle une *ligne*.

La limite d'une portion de ligne s'appelle un *point*.

On donne le nom de *figure* à un ensemble quelconque de points, de lignes, de surfaces ou de corps.

2. On peut concevoir les surfaces, les lignes et les points indépendamment des corps auxquels ils appartiennent.

Le point n'a pas d'étendue.

Un point qui se meut, c'est-à-dire qui change de lieu, décrit ou engendre une ligne; en d'autres termes, une ligne est le lieu des positions occupées successivement par un point qui se meut. Les lignes ont une seule *dimension*, appelée *longueur*.

Une ligne qui se déplace d'une manière quelconque engendre une surface, excepté le cas où elle glisse le long d'elle-même. Les surfaces ont deux dimensions: *longueur* et *largeur*.

Une surface qui change de position engendre en général un corps. Les corps ont trois dimensions: *longueur, largeur* et *épaisseur* ou *hauteur*.

Les lignes, les surfaces et les corps sont des *grandeurs continues*.

3. La *Géométrie* ou la *science de l'étendue* est la partie des Mathématiques qui a pour objet l'étude des propriétés des figures et en particulier la *mesure* de leur étendue.

On distingue en Géométrie différentes espèces de propositions:

1° Une *définition* explique l'idée qu'on est convenu d'attacher à un mot.

2° Un *axiome* est une proposition évidente par elle-même.

3° Un *théorème* est une proposition qui devient évidente au moyen d'un raisonnement appelé *démonstration.* L'énoncé d'un théorème comprend deux parties distinctes, savoir une *hypothèse* faite sur un certain sujet et une *conclusion.* La démonstration peut être *directe* ou *indirecte.* La démonstration *directe* consiste à montrer comment la conclusion peut être déduite de l'hypothèse au moyen de propositions déjà établies. Dans la démonstration *indirecte* ou *par l'absurde,* on suppose que la conclusion ne soit pas vraie, puis on fait voir qu'en partant de cette supposition on arrive à une conséquence absurde, c'est-à-dire contraire soit à l'hypothèse, soit à une proposition connue. Lorsque la négation de la conclusion énoncée renferme plusieurs cas, il faut prouver que chacun de ces cas est impossible.

On forme la *réciproque* d'un théorème en prenant pour hypothèse la conclusion, et pour conclusion l'hypothèse du théorème direct. Lorsque l'hypothèse ou la conclusion sont multiples, on remplace une partie de l'une par une partie de l'autre, de sorte qu'un même théorème peut avoir plusieurs réciproques. Une réciproque peut être fausse.

La proposition *contraire* d'une proposition est celle dans laquelle l'hypothèse et la conclusion sont respectivement la négation de l'hypothèse et de la conclusion primitives.

4° On appelle *corollaire* d'un théorème une conséquence immédiate de ce théorème.

5° Un *problème* est une question dans laquelle on demande de *construire* une figure qui satisfasse à des conditions données. La résolution complète d'un problème comprend 4 parties: *l'analyse,* la *construction,* la *démonstration* et la *discussion.*

L'analyse suppose le problème résolu, elle examine les rapports et les liaisons qui existent entre les éléments donnés de la figure et ceux qu'on cherche, et elle montre comment on arrive à la solution du problème. La *construction* (ou *synthèse*) indique le procédé qu'il faut, conformément à l'analyse, employer pour faire ce que demande le problème. La *démonstration* prouve que la figure obtenue satisfait aux conditions du problème. La *discussion* fait connaître les conditions que doivent remplir les données pour que le problème admette 0, 1, 2, etc. solutions.

6° Une *demande* (un *postulat*) est un problème que l'on regarde comme pouvant être immédiatement résolu.

4. Définition. Deux figures sont dites *égales*, lorsqu'on peut les appliquer l'une sur l'autre de sorte qu'elles coïncident exactement.

Il s'ensuit que deux figures égales ont la même forme et la même grandeur ou étendue.

5. Axiome. Lorsqu'on fait tourner une figure autour de deux de ses points, il y a, entre ces points et au delà, une série de points qui restent immobiles et qui forment une ligne passant par les deux points fixes.

Définition. On appelle *ligne droite* une ligne qui, entre deux quelconques de ses points, ne peut être située que d'une seule manière. Une *ligne brisée* est une ligne composée de plusieurs portions de droites distinctes. Une *ligne courbe* est une ligne qui n'a aucune partie rectiligne.

6. Corollaires. 1. *Deux points déterminent la position d'une ligne droite.* En d'autres termes, *par deux points on ne peut mener qu'une seule ligne droite.*

2. *Une ligne droite peut être prolongée indéfiniment dans un sens ou dans l'autre, et elle ne peut l'être que d'une seule manière.*

3. *Si deux lignes droites ont deux points communs, elles coïncident dans toute leur étendue.*

4. *Deux droites distinctes ne peuvent avoir qu'un seul point commun.* Ce point s'appelle leur *point d'intersection.*

7. Définition. Le *plan* ou la surface *plane* est une surface telle que la droite qui passe par deux quelconques de ses points y est contenue tout entière.

La définition du plan a pour conséquence que toute portion de cette surface peut être appliquée exactement sur une autre portion quelconque, soit directement, soit après qu'on l'a retournée.

On divise la Géométrie en deux parties: la *Géométrie plane,* qui traite des figures contenues dans un même plan, et la *Géométrie dans l'espace,* qui traite des figures non situées dans un même plan.

8. Propositions générales. 1. *Toute grandeur est égale à elle-même.*

2. *Deux grandeurs égales peuvent se substituer l'une à l'autre.*

3. *Si deux grandeurs sont égales à une même troisième, elles sont égales entre elles.*

4. *Si la 1re de trois grandeurs est supérieure à la 2e, et si la 2e est égale ou supérieure à la 3e, la 1re est supérieure à la 3e.*

5. *Si à des grandeurs égales on ajoute des grandeurs égales, les sommes seront égales.*

6. *Si à des grandeurs inégales on ajoute des grandeurs égales, les sommes seront inégales dans le même sens.*

7. *Si de grandeurs égales on soustrait des grandeurs égales, les restes seront égaux.*

8. *Si de grandeurs inégales on soustrait des grandeurs égales, les restes seront inégaux dans le même sens.*

9. *Si de grandeurs égales on soustrait des grandeurs inégales, les restes seront inégaux dans le sens contraire.*

10. *Si deux grandeurs sont égales, leurs doubles, leurs triples, etc., leurs moitiés, leurs tiers, etc., sont aussi égaux.*

Ces propositions s'appliquent à toute espèce de grandeurs aussi bien qu'aux grandeurs géométriques.

CHAPITRE II.

DE LA POSITION DES LIGNES DROITES.

§ 1. LA LIGNE DROITE ET LA CIRCONFÉRENCE.

9. Demandes. 1. *Mener une ligne droite par deux points donnés.*

2. *Prolonger une ligne droite.*

On exécute ces constructions avec la règle.

Remarque. On indique un point par une lettre majuscule. Pour désigner une ligne droite, on énonce deux points de cette ligne; ainsi la droite AB est celle qui passe par les points A et B.

10. Définitions. Un point pris sur une droite illimitée la divise en deux parties, nommées *demi-droites*. La droite indique, à partir du point considéré, deux *directions opposées*.

Une partie d'une ligne droite, comprise entre deux points, est appelée un *segment* ou une *portion de droite*. Ainsi on dira le *segment* AB, la *portion de droite* AB; souvent aussi on dit, pour abréger, la *droite* AB ou la *longueur* AB. Les points A et B sont les *extrémités* du segment AB.

On entend par *distance de deux points* la longueur de la droite qui joint ces deux points. On verra plus tard (nos 45 et 203) que cette droite est le plus court chemin entre les deux points.

11. Corollaires. 1. *Deux portions de droites sont égales ou de même longueur, lorsqu'on peut les placer l'une sur l'autre de manière que leurs extrémités coïncident.*

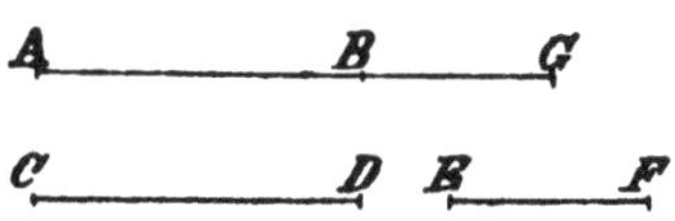

Ainsi quand on transporte la droite CD de sorte que le point C tombe en A, on pourra faire tourner la droite CD autour de A jusqu'à ce qu'elle prenne la direction AB. Si le point D tombe alors en B, les deux portions de droites sont égales. Mais si le point D tombait entre A et B ou au delà, la portion CD serait respectivement plus petite ou plus grande que AB.

2. *Pour additionner deux portions de droites, on porte l'une d'elles à la suite de l'autre prolongée. Pour soustraire une portion de droite d'une autre, on porte l'une d'elles sur l'autre, à partir de l'une de ses extrémités.*

D'après cela, si on porte EF sur le prolongement de AB, en BG, la portion AG est la somme des portions AB, EF; inversement, AB est la différence entre les portions AG, EF.

On conçoit facilement ce que c'est que *multiplier* et *diviser* une portion de droite.

Le point qui divise une portion de droite en deux parties égales est dit son *milieu.*

12. Définitions. Si une portion de droite tourne dans un plan autour de l'une de ses extrémités, jusqu'à ce qu'elle revienne à sa première position, l'autre extrémité décrit une ligne courbe, qu'on appelle *circonférence.*

La *circonférence* est donc une ligne plane dont tous les points sont également distants d'un même point, situé dans son plan et nommé *centre.*

Le *cercle* est la portion du plan limitée par la circonférence.

Une droite qui joint le centre à un point de la circonférence est appelée *rayon.* Une portion de la circonférence s'appelle un *arc.* Une droite qui joint deux points de la circonférence s'appelle une *corde.* Un *diamètre* est une corde qui passe par le centre.

13. Corollaires. 1. *Tous les rayons d'un cercle sont égaux.*

2. *Tous les diamètres d'un cercle sont égaux, car chacun d'eux est le double du rayon.*

3. *Une circonférence partage le plan en deux régions, une région intérieure et une région extérieure. Tout point situé à l'intérieur d'un cercle est à une distance du centre moindre que le rayon, et tout point situé à l'extérieur d'un cercle est à une distance du centre plus grande que le rayon.*

4. Réciproquement, *un point est situé à l'intérieur d'un cercle, sur sa circonférence ou à son extérieur, suivant que sa distance au centre est inférieure, égale ou supérieure au rayon.*

5. *Si l'on fait tourner un cercle dans son plan autour de son centre, la circonférence ne cesse pas de coïncider avec elle-même.*

Demande. *Décrire une circonférence d'un point donné comme centre et avec une droite donnée pour rayon.*

On exécute cette construction au moyen du compas.

§ 2. Des angles ayant même sommet.

14. Définitions. Lorsqu'une demi-droite tourne autour d'un de ses points, jusqu'à ce qu'elle revienne à sa première position, on dit qu'elle a accompli un *tour entier.* Lorsque la demi-droite ne fait pas un tour entier, on dit qu'elle forme un *angle* avec sa position primitive. On détermine alors la nouvelle position de la droite en indiquant la partie du tour entier qu'elle a accomplie.

Donc *l'angle de deux demi-droites issues d'un même point est la quantité dont il faut faire tourner, dans un sens convenu, l'une d'elles, pour qu'elle coïncide avec l'autre.*

Les deux droites s'appellent les *côtés* de l'angle, le point d'où elles partent en est le *sommet*. La portion de plan parcourue par le côté mobile est nommée *l'espace angulaire* ou *l'intérieur* de l'angle.

On désigne un angle par la lettre du sommet, ou, s'il peut y avoir confusion, par trois lettres, à savoir deux lettres placées sur les côtés et la lettre du sommet, qu'on a soin d'énoncer au milieu. Ainsi l'on dira: l'angle A, ou BAC, ou CAB.

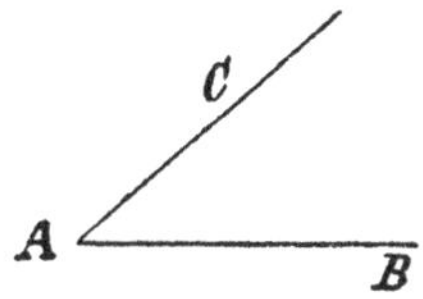

15. Corollaires. 1. La grandeur d'un angle ne dépend que de l'écartement de ses côtés, et non de leur longueur.

2. Deux angles sont égaux lorsqu'on peut les placer l'un sur l'autre de manière que leurs sommets et leurs côtés coïncident.

3. Une droite AD, menée dans un angle BAC par son sommet A, divise cet angle en deux parties, de sorte que l'angle BAC est la somme des deux angles BAD et DAC.

On appelle *bissectrice* d'un angle la droite qui le divise en deux parties égales.

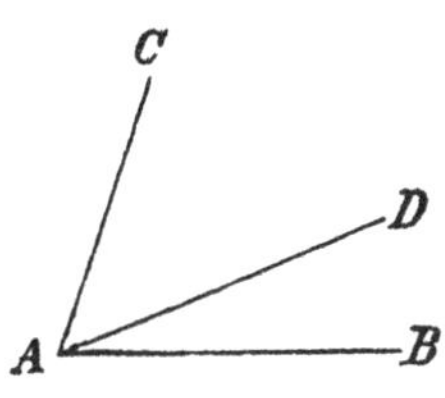

16. Définition. Deux angles sont dits *adjacents*, lorsqu'ils ont le même sommet et un côté commun et qu'ils sont situés de part et d'autre de ce côté.

Tels sont les angles BAD et DAC (fig. du n° 15).

Remarque. Pour additionner deux angles donnés, on porte l'un d'eux à côté de l'autre, de manière à former deux angles adjacents. L'angle des deux côtés non communs est la somme des angles donnés.

17. Corollaires. 1. Lorsque la demi-droite OA, en tournant autour du point O, accomplit un tour entier, l'un quelconque de ses points mobiles, par exemple A, décrit une circonférence entière.

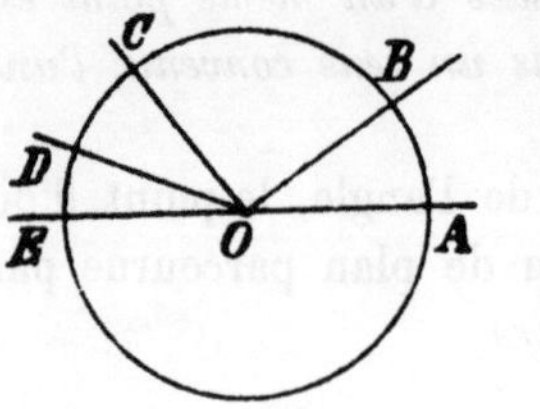

2. Lorsque la droite OA vient s'appliquer sur son prolongement OE, elle a accompli un demi-tour, et le point A a décrit une demi-circonférence.

3. Si la droite OA décrit les angles égaux AOB, COD, le point A parcourt les arcs égaux AB, CD. Réciproquement, si plusieurs arcs d'un même cercle sont égaux, les angles qui leur correspondent sont aussi égaux.

En effet, si on fait tourner le cercle autour de son centre jusqu'à ce que les angles supposés égaux coïncident, les arcs correspondants devront aussi coïncider (n° 13, 5); et réciproquement.

18. Définition. On divise la circonférence en 360 parties égales, qu'on nomme *degrés* (°); chaque degré se divise en 60 *minutes* (′), et chaque minute en 60 *secondes* (″). Ce mode de division est nommé *division sexagésimale.*

Si l'on mène les rayons à ces 360 points de division de la circonférence, le tour entier sera divisé aussi en 360 angles égaux (n° 17, 3), dont chacun est nommé angle de 1°. Un angle de a^0 contient a de ces angles, et l'arc compris entre ses côtés contient le même nombre de degrés de la circonférence.

Remarque. Le *rapporteur* est un instrument qui sert à mesurer un angle donné et à tracer un angle ayant un nombre donné de degrés.

19. Définition. Un *angle droit* est un angle qui correspond à un quart de tour.

Corollaires. 1. *Tous les angles droits sont égaux.*

2. *Un angle droit vaut* 90°, *ainsi que l'arc de cercle compris entre ses côtés.*

3. *Si l'un des quatre angles formés par deux droites qui se coupent est droit, les autres le sont aussi.*

En effet, l'angle AOC correspond à un demi-tour, et puisque l'une de ses parties, l'angle AOB, correspond par hypothèse à un quart de tour, l'autre partie BOC le fera aussi. On démontrerait de la même manière que COD, DOA sont des angles droits.

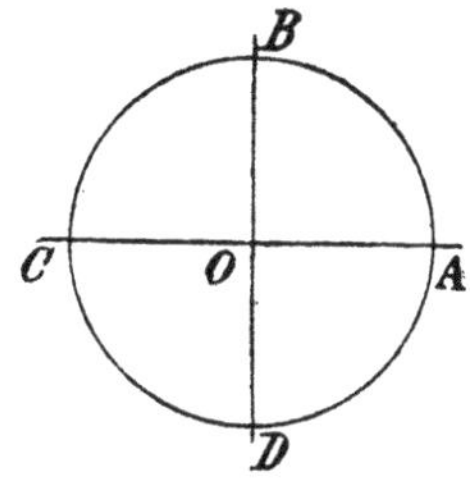

4. *Un angle dont les deux côtés sont en ligne droite vaut* 2^{dr} *ou* 180^0.

20. Définition. On dit que deux lignes droites sont *perpendiculaires* ($\perp$) l'une sur l'autre, lorsqu'elles se coupent à angles droits. Dans le cas contraire on dit qu'elles sont *obliques* l'une sur l'autre.

Corollaire. *En un point d'une droite, on ne peut élever qu'une seule perpendiculaire sur cette droite.*

21. Définitions. 1. On appelle *convexe* tout angle plus grand que deux angles droits, et *concave* tout angle plus petit que deux angles droits. Un angle concave est dit *obtus* ou *aigu*, suivant qu'il est plus grand ou plus petit qu'un angle droit. On désigne les angles obtus et les angles aigus par le nom commun d'angles *obliques*, par opposition à l'angle droit.

2. Deux angles sont dits *complémentaires* lorsque leur somme égale un angle droit. Deux angles sont dits *supplémentaires* lorsque leur somme égale deux angles droits.

Corollaires. 1. Si un angle égale a^0, son complément égale $90^0—a^0$, et son supplément $180^0—a^0$.

2. *Si deux angles sont égaux, leurs compléments, ainsi que leurs suppléments, sont égaux.*

Deux angles sont égaux, lorsqu'ils ont des compléments égaux ou des suppléments égaux.

22. Théorème. *Deux angles adjacents sont supplémentaires si leurs côtés non communs sont en ligne droite.*

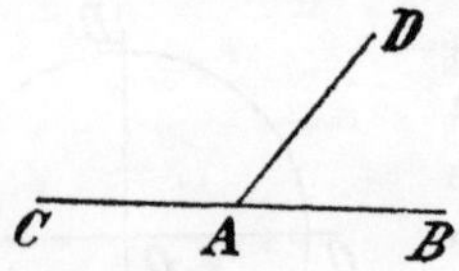

Démonstration. La somme des deux angles adjacents DAB, DAC est l'angle CAB. Ce dernier correspond à un demi-tour, puisque AC est le prolongement de AB (nº 17, 2); donc la somme des deux angles adjacents vaut 2 droits.

Réciproque. *Si deux angles adjacents sont supplémentaires, leurs côtés non communs sont en ligne droite.*

Corollaires. 1. *La somme de tous les angles formés autour d'un point et d'un même côté d'une ligne droite est égale à deux angles droits.*

2. *La somme de tous les angles formés autour d'un point est égale à quatre angles droits.*

3. *Une droite qui forme avec une autre deux angles adjacents égaux, est perpendiculaire sur celle-ci.*

23. Définition. Deux angles sont dits *opposés par le sommet,* lorsque les côtés de l'un sont les prolongements des côtés de l'autre. Tels sont les angles a et c, b et d.

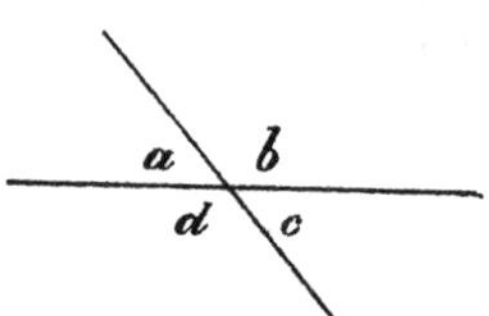

Théorème. *Deux angles opposés par le sommet sont égaux.*

Démonstration. L'angle a a pour supplément l'angle b (nº 22); l'angle c a le même angle pour supplément. De là résulte que les angles a et c sont égaux entre eux (nº 21, cor. 2). On démontrerait de même que $b = d$.

§ 3. DES ANGLES AYANT DES SOMMETS DIFFÉRENTS. DES PARALLÈLES.

24. Définitions. Lorsque deux droites sont coupées par une troisième, nommée *sécante*, huit angles se trouvent formés autour des deux points d'intersection. Les quatre angles o, p, q, r, situés entre les deux droites coupées, sont appelés *angles internes;* les quatre autres m, n, s, t sont appelés *angles externes.* Pour distinguer plus facilement les angles ayant des sommets différents, on donne aux divers couples d'angles les noms particuliers suivants:

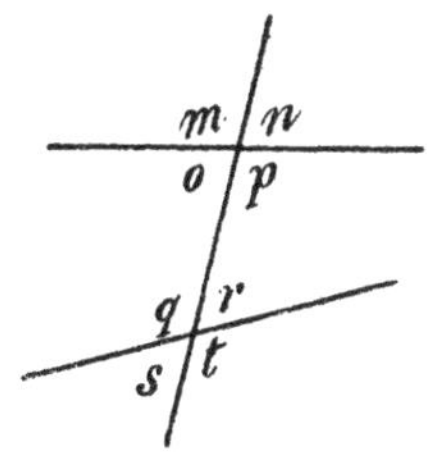

1. Deux angles situés d'un même côté de la sécante, l'un interne et l'autre externe, sont dits *correspondants.*

Tels sont les angles m et q, n et r, o et s, p et t.

2. Deux angles internes ou deux externes, situés de part et d'autre de la sécante, sont dits *alternes.*

Tels sont les angles o et r, p et q, m et t, n et s.

3. Les angles o et q, p et r sont dits *internes d'un même côté;* les angles m et s, n et t sont dits *externes d'un même côté.*

25. Théorème. *Si deux angles correspondants sont égaux, les autres angles correspondants, de même que les angles alternes, sont égaux deux à deux, et les angles internes (ou externes) d'un même côté sont supplémentaires.*

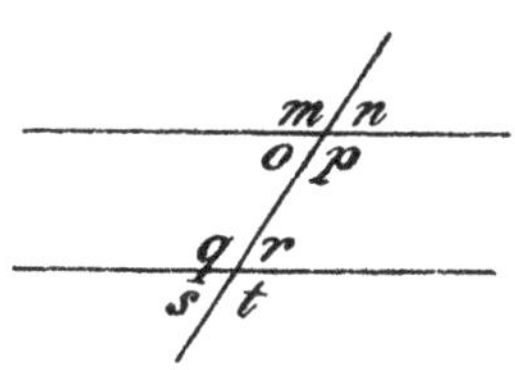

Hypothèse. $\angle\, n = r$.

Conclusion. $\angle\, m = q, \; o = s, \; p = t;$

$\angle\, o = r, \; p = q, \; m = t, \; n = s;$

$\angle\, p + r = o + q = n + t = m + s = 2^{dr}.$

Démonstration. Les angles n et o sont égaux puisqu'ils sont opposés par le sommet (nº 23); il en est de même des angles r et s. Mais comme n et r sont égaux par hypothèse, il s'ensuit que les quatre angles n, o, r, s sont égaux entre eux. De même, les quatre autres angles m, p, q, t sont égaux entre eux, parce qu'ils sont les suppléments des premiers (nº 21, cor. 2). De là résulte que les angles correspondants et les alternes sont égaux deux à deux; et comme deux angles internes d'un même côté, r et p par exemple, appartiennent l'un au premier groupe d'angles, l'autre au second, ils ont pour somme deux angles droits.

Corollaire. Si l'une quelconque des douze égalités ci-dessus a lieu, les autres ont nécessairement lieu. En particulier, *si deux angles alternes sont égaux, ou si deux angles internes d'un même côté sont supplémentaires, les angles correspondants sont égaux.*

En effet, supposons l'angle o égal à son alterne r. Or l'angle o est égal à n, son opposé par le sommet; donc r est égal à n. Supposons en second lieu que r soit le supplément de p. Or n est le supplément du même angle p; donc $r = n$ (n° 21, cor. 2).

26. Définition. Deux droites situées dans un même plan sont dites *parallèles* (||), lorsqu'elles ne se rencontrent pas, si loin qu'on les prolonge.

27. Théorème 1. *Si deux angles correspondants sont égaux, les droites coupées sont parallèles.*

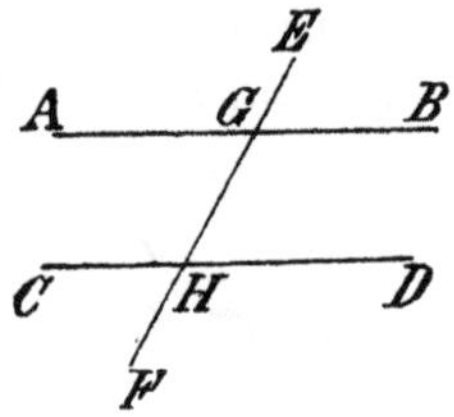

Hypothèse. $\angle EGB = GHD$.

Conclusion. $AB \parallel CD$.

Démonstration. Puisque deux angles correspondants sont égaux par hypothèse, les angles alternes le sont aussi (n° 25). Considérons les deux moitiés de la figure séparées par la sécante EF et transportons la moitié de droite sur la moitié de gauche, de manière que le point G vienne en H et que le point H vienne en G. Comme $\angle GHD = HGA$, la demi-droite HD prendra la direction GA; et comme $\angle HGB = GHC$ la demi-droite GB prendra la direction HC. On voit par là que les deux moitiés de la figure coïncident complètement. Si donc GB et HD se rencontraient en un point O situé à droite, HC et GA se rencontreraient aussi en un point O' situé à gauche, et les deux droites AB et CD auraient deux points communs, ce qui est impossible (n° 6, 4). Donc AB est parallèle à CD.

Théorème 2. *Si deux angles alternes sont égaux, les droites coupées sont parallèles.*

Car de l'égalité de deux angles alternes résulte celle de deux angles correspondants (n° 25, cor.).

Théorème 3. *Si deux angles internes (ou externes) d'un même côté sont supplémentaires, les droites coupées sont parallèles.*

Car il résulte de cette hypothèse que les angles correspondants sont égaux (n° 25, cor.).

28. Axiome. *Par un point pris hors d'une droite, on ne peut mener qu'une seule parallèle à cette droite.*

De là résulte que, *si une droite rencontre l'une de deux parallèles, elle rencontrera aussi l'autre.*

29. Théorèmes. (*Réciproques.*) 1. *Si deux droites coupées par une troisième sont parallèles, les angles correspondants sont égaux.*

Hypothèse. $AB \parallel CD$.

Conclus. $\angle\, EGB = GHD$.

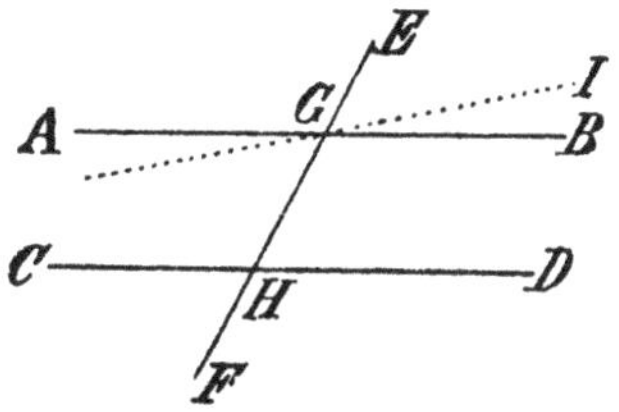

Démonstration. Si les angles correspondants EGB, GHD étaient inégaux, on pourrait mener par le point G une droite GI qui forme avec la direction GE un angle égal à GHD. Cette droite devrait être parallèle à CD (n° 27, 1); mais par hypothèse AB est parallèle à CD. Il y aurait donc deux parallèles à CD, menées par le point G, ce qui est impossible (n° 28). Par conséquent les angles correspondants ne sauraient être inégaux; donc ils sont égaux, ce qu'il fallait démontrer.

2. *Si deux droites coupées par une troisième sont parallèles, les angles alternes sont égaux.*

3. *Si deux droites coupées par une troisième sont parallèles, les angles internes (ou externes) d'un même côté sont supplémentaires.*

Les deux derniers théorèmes résultent directement du premier et du n° 25.

30. Corollaires. 1. *Deux droites parallèles à une troisième sont parallèles entre elles.* Car si elles se rencontraient en un point, il y aurait deux parallèles menées par ce point à une même droite.

2. *Deux droites étant coupées par une troisième, si la somme de deux angles internes d'un même côté est différente de deux droits,*

les lignes droites se rencontrent du côté où cette somme est moindre que deux droits.

31. Théorèmes. 1. ***Deux droites perpendiculaires sur une troisième sont parallèles.***

Car les angles correspondants que les deux droites forment avec la troisième sont égaux (nº 27, 1).

2. ***Si une droite est perpendiculaire sur l'une de deux parallèles, elle est aussi perpendiculaire sur l'autre.***

32. Théorème. ***Deux angles qui ont leurs côtés parallèles sont égaux, si les côtés parallèles sont dirigés dans le même sens ou en sens contraire.***

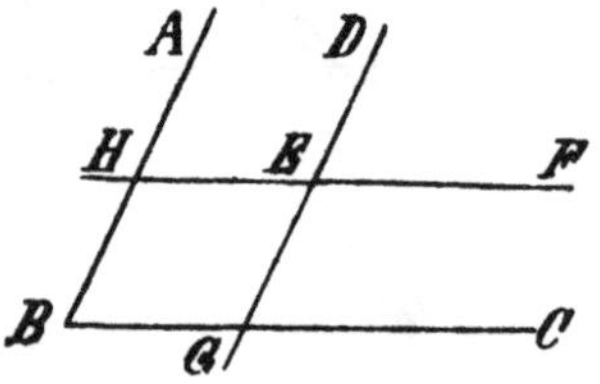

Démonstration. 1º Soient *ABC, DEF* deux angles dont les côtés sont parallèles et dirigés dans le même sens. Pour prouver qu'ils sont égaux, on prolonge le côté *DE* jusqu'au point *G* où il rencontre *BC*. Les angles *ABC*, *EGC* sont égaux comme correspondants par rapport aux parallèles *AB*, *DG*, coupées par *BC*; de même, les angles *DEF*, *EGC* sont égaux comme correspondants par rapport aux parallèles *EF*, *BC*, coupées par *DG*. Donc l'angle *ABC* est égal à *DEF*.

2º Les angles *ABC*, *HEG*, qui ont les côtés parallèles et dirigés en sens contraire, sont égaux, puisqu'ils sont tous deux égaux à *DEF* (1º et nº 23).

Remarque. Deux angles à côtés parallèles sont supplémentaires, si deux côtés parallèles ont la même direction et les deux autres des directions contraires.

CHAPITRE III.
DES TRIANGLES.

§ 1. PROPRIÉTÉS DES ANGLES ET DES CÔTÉS D'UN TRIANGLE.

33. Définitions. 1. Une *figure plane* est une portion de plan terminée de toutes parts par des lignes.

Le mot *figure* se prend ici dans un sens plus restreint qu'aux nos 1, 4 et 7.

On appelle *figure rectiligne* ou *polygone* une figure terminée par des lignes droites. Les portions de droites qui terminent un polygone sont appelées les *côtés* du polygone; leur ensemble forme le *contour* ou *périmètre* de la figure.

Les angles formés intérieurement par deux côtés consécutifs s'appellent les *angles* du polygone; les sommets de ces angles sont les *sommets* du polygone.

On nomme *angle extérieur* d'un polygone tout angle formé par un côté et le prolongement d'un côté adjacent.

On appelle *diagonale* une droite qui joint deux sommets non consécutifs du polygone.

2. On classe les polygones d'après le nombre de leurs côtés ou, ce qui revient au même, de leurs angles. Un polygone qui n'a que trois côtés porte le nom de *triangle;* après lui viennent le *quadrilatère,* le *pentagone,* l'*hexagone,* etc.

3. Un triangle est dit *équilatéral*, quand il a les trois côtés égaux; *isocèle,* quand il a deux côtés égaux, *scalène,* quand il a les trois côtés inégaux.

Dans le triangle isocèle, le 3e côté s'appelle la *base,* et le sommet opposé à la base porte spécialement le nom de *sommet* du triangle isocèle.

34. Théorème. *La somme des trois angles d'un triangle vaut deux droits.*

Hypothèse. α, β et γ sont les angles d'un triangle.

Conclusion. $\alpha+\beta+\gamma=2^{dr}$.

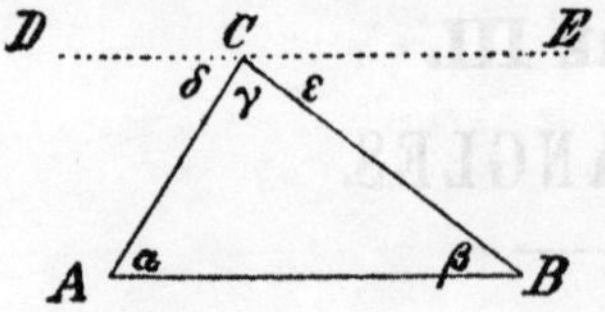

Démonstration. Menons par le sommet C la parallèle DE au côté opposé AB. Elle forme avec les côtés CA, CB les deux angles δ et ε, qui sont respectivement égaux aux angles α et β du triangle: car les angles δ et α sont alternes par rapport aux parallèles DE, AB, coupées par CA, et les angles ε et β sont alternes par rapport aux mêmes parallèles coupées par CB. Or la somme $\delta+\varepsilon+\gamma = 2^{dr}$ (no 22, cor. 1), donc aussi la somme $\alpha+\beta+\gamma = 2^{dr}$.

35. Corollaires. 1. *Un angle quelconque d'un triangle est le supplément de la somme des deux autres.*

$$\gamma = 2^{dr} - (\alpha+\beta).$$

En d'autres termes: *Quand on connaît deux angles d'un triangle, ou simplement leur somme, on obtient le troisième en soustrayant cette somme de deux droits.*

2. *Si deux triangles ont deux angles égaux chacun à chacun, les troisièmes angles sont aussi égaux.*

3. *Un triangle ne peut avoir qu'un seul angle droit et, à plus forte raison, qu'un seul angle obtus; les deux autres angles sont aigus.*

4. *D'un point situé hors d'une droite, on ne peut abaisser qu'une seule perpendiculaire sur cette droite.*

Car s'il y avait deux perpendiculaires, elles formeraient un triangle ayant deux angles droits, ce qui est impossible.

36. Définition. On dit d'un triangle qu'il est *obtusangle*, quand il a un angle obtus et deux angles aigus; *rectangle*, quand il a un angle droit et deux angles aigus; *acutangle*, quand il a trois angles aigus.

Dans le triangle rectangle, le côté opposé à l'angle droit est nommé *hypoténuse*.

Corollaire. *Dans tout triangle rectangle, les deux angles aigus sont complémentaires.*

Ainsi, si $\gamma = 1^{dr}$, on a $\alpha+\beta = 1^{dr}$,

d'où $\beta = 1^{dr} - \alpha$.

37. Théorème. *Un angle extérieur d'un triangle est égal à la somme des angles intérieurs non adjacents.*

Hypothèse. δ est un angle extérieur du $\triangle ABC$.

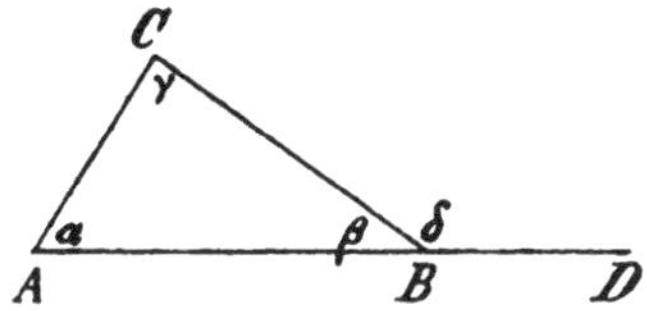

Conclusion. $\delta = \alpha + \gamma$.

Démonstration. L'angle extérieur δ fait deux angles droits avec son adjacent β (n° 22): d'autre part la somme $\alpha + \gamma$ fait aussi deux angles droits avec le même angle β (n° 34). De là résulte (n° 21, cor. 2) que l'angle $\delta = \alpha + \beta$.

Corollaire. L'angle extérieur d'un triangle est plus grand que chacun des deux angles intérieurs non adjacents.

38. Théorème. *Dans un triangle isocèle, les angles à la base sont égaux.*

Hypothèse. $AC = BC$.

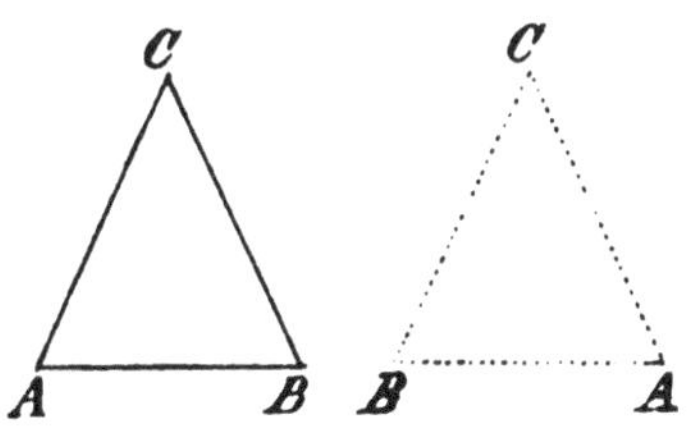

Conclusion. $\angle B = A$.

Démonstration. Concevons le triangle ABC retourné et plaçons-le sur son ancienne position de sorte que l'angle C coïncide avec lui-même. Puisque les côtés CA et CB sont égaux par hypothèse, le point B tombera sur A, et le point A sur B. La base BA se confondra alors avec elle-même, et les deux angles B et A coïncideront. Ceci montre bien que l'angle $B = A$.

39. Théorème. *(Réciproque du précédent.) Si deux angles d'un triangle sont égaux, les côtés opposés sont égaux, et le triangle est isocèle.*

Hypothèse. $\angle A = B$. *Conclusion.* $BC = AC$.

Démonstration. Concevons le triangle ABC retourné et plaçons-le sur son ancienne position de sorte que la base BA coïncide avec elle-même, B étant en A et A en B. Puisque les angles A et B sont égaux par hypothèse, le côté BC prendra la direction AC, et le côté AC la direction BC. Donc le point C

où se coupent ces deux droites coïncide avec lui-même, et l'on a $BC = AC$.

40. Corollaires. 1. *Un angle d'un triangle isocèle étant donné, les deux autres sont déterminés.*

En effet, si l'on a $\angle A = \alpha^\circ$,
on en conclut $\angle B = \alpha^\circ$;
donc $\angle C = 180^\circ - 2\alpha^\circ$.
Mais si l'on a $\angle C = \gamma^\circ$,
on en conclut $\angle A + B = 180^\circ - \gamma^\circ$;
donc chacun des angles A et $B = 90^\circ - \frac{1}{2}\gamma^\circ$.

2. *Dans un triangle rectangle isocèle, chacun des deux angles aigus vaut un demi-droit ou 45°.*

3. *Dans un triangle équilatéral, tous les angles sont égaux entre eux, et chacun d'eux vaut les deux tiers d'un angle droit ou 60°.*

4. *Un triangle dont les trois angles sont égaux est équilatéral.*

41. Théorème. *Si deux côtés d'un triangle sont inégaux, au plus grand des deux côtés est opposé le plus grand angle.*

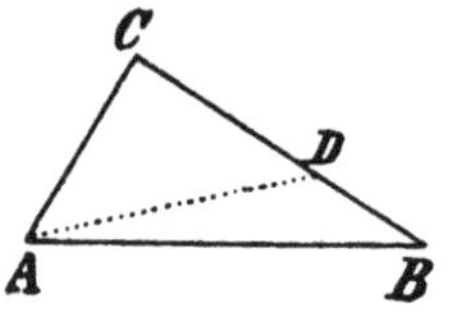

Hypothèse. $BC > AC$.

Conclusion. $\angle CAB > CBA$.

Démonstration. Prenons sur CB, à partir de C, une longueur CD égale à CA et menons AD. Le point D étant situé entre B et C, la droite AD est comprise dans l'angle CAB. Il en résulte que l'angle CAB est plus grand que CAD. Mais $CAD = CDA$, puisque le triangle ACD est isocèle par construction; donc $CAB > CDA$ (n° 8, 4). Or ce dernier, comme étant extérieur au triangle ADB, est plus grand que CBA (n° 37, cor.), donc, à plus forte raison, $CAB > CBA$.

42. Théorème. *(Réciproque du précédent.) Si deux angles d'un triangle sont inégaux, au plus grand des deux angles est opposé le plus grand côté.*

Hypothèse. (fig. du n° 41) $\angle A > B$. *Conclusion.* $BC > AC$.

Démonstration. Si BC n'était pas plus grand que AC, il faudrait que l'on eût ou $BC = AC$, ou $BC < AC$.

Si BC était égal à AC, on aurait $A = B$ (no 38); si BC était moindre que AC, on aurait $A < B$ (no 41). Ces deux conclusions sont contraires à l'hypothèse, donc il faut qu'on ait $BC > AC$.

43. Corollaires. 1. *Au plus grand côté d'un triangle est opposé le plus grand angle,* et réciproquement.

2. *Dans un triangle rectangle, l'hypoténuse est plus grande que chacun des autres côtés.*

3. *Dans tout triangle, les angles adjacents au plus grand côté sont aigus.*

44. Théorème. *Dans tout triangle, la somme de deux côtés est plus grande que le troisième.*

Hypothèse. ABC est un triangle.

Conclusion. $AC + CB > AB$.

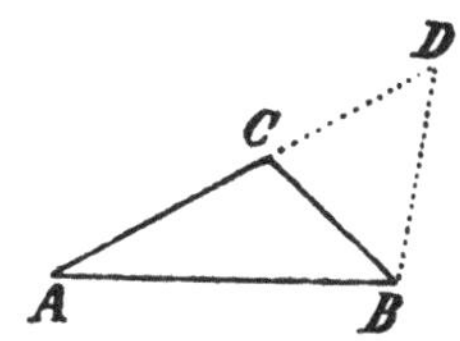

Démonstration. Prolongeons AC d'une longueur $CD = CB$ et menons BD. Le triangle BCD étant isocèle, les angles CBD et D sont égaux (no 38). Or on a $\angle ABD > CBD$; donc $ABD > D$ (no 8, 4). Par suite, dans le triangle ABD, le côté AD est plus grand que AB, comme étant opposé à un plus grand angle (no 42). Mais $AD = AC + CB$, donc $AC + CB > AB$.

Corollaire. *Dans tout triangle, la différence de deux côtés est plus petite que le troisième.*

En effet, soit $AB > CB$. On a, d'après ce qui précède, $AB < AC + CB$. Si on soustrait de ces deux longueurs inégales la même longueur CB, les restes seront égaux dans le même sens (no 8, 8); on a donc $AB - CB < AC$.

45. Théorème. *La ligne droite qui joint deux points est plus courte que toute ligne brisée terminée aux mêmes deux points.*

Conclusion. $AB < AC + CD + DB$.

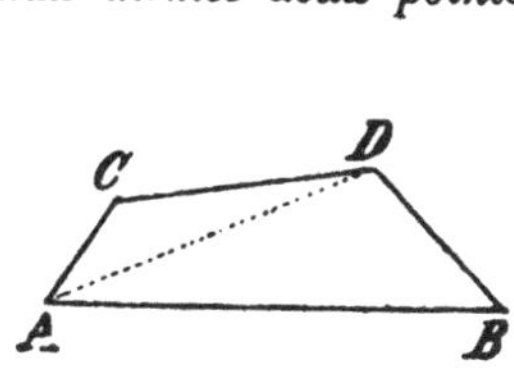

Démonstration. En joignant le point A au point D, on a successivement (no 44) les inégalités:

$$AB < AD + DB,$$
$$AD < AC + CD.$$

Si l'on ajoute ces inégalités membre à membre, on obtient

$$AB + AD < AD + AC + CD + DB,$$

d'où, en retranchant AD de part et d'autre,

$$AB < AC + CD + DB.$$

Remarque. On voit que la ligne droite est le plus court chemin d'un point à un autre, en ne considérant toutefois que des routes composées de lignes droites en nombre quelconque et de grandeurs quelconques. Cette proposition se généralisera plus tard (no 203), lorsque nous parlerons des lignes courbes.

Corollaires. 1. *Si l'on joint un point situé à l'intérieur d'un triangle aux extrémités d'un côté, la somme de ces droites est moindre que la somme des deux autres côtés.*

2. *Une ligne brisée convexe est plus courte que toute ligne brisée qui l'enveloppe et qui a les mêmes extrémités.*

Une ligne brisée convexe est celle qui est située tout entière d'un même côté de chacune de ses parties et qui par suite ne peut être rencontrée en plus de deux points par une droite. La ligne $ACDB$ est dite enveloppée par une autre, lorsqu'elle est intérieure au polygone formé par la seconde ligne et la droite AB.

3. *Le périmètre d'un polygone convexe est plus petit que toute ligne brisée qui l'enveloppe de toutes parts.*

§ 2. Comparaison de deux triangles. Cas d'égalité et d'inégalité.

46. Définition. Dans deux polygones égaux ($\cong$), on appelle *homologues* les côtés et les angles qui coïncident dans la superposition.

Corollaires. 1. Dans deux polygones égaux, les éléments homologues (côtés et angles) sont égaux.

2. Dans deux triangles égaux, les côtés homologues sont opposés aux angles égaux; de même, les angles homologues sont opposés aux côtés égaux.

Ainsi, dans deux triangles égaux, on distingue les éléments homologues au moyen des éléments opposés dont l'égalité est déjà reconnue.

47. Théorème. (1er *cas d'égalité.*) *Deux triangles sont égaux,* *lorsqu'ils ont deux côtés égaux chacun à chacun, ainsi que l'angle compris.*

Hypothèse. $AB = DE$, $AC = DF$, $\angle A = D$.

Conclusion. $\triangle ABC \cong DEF$.

Démonstration. Portons le triangle ABC sur DEF, de manière que le côté AB coïncide avec son égal DE, A étant en D et B en E. Puisque l'angle $A = D$, le côté AC prendra la direction DF; et comme la longueur $AC = DF$, le point C tombera sur F. Enfin les côtés BC, EF coïncideront, puisque deux droites coïncident lorsqu'elles ont deux points communs (n° 6, 3). Les triangles sont donc égaux.

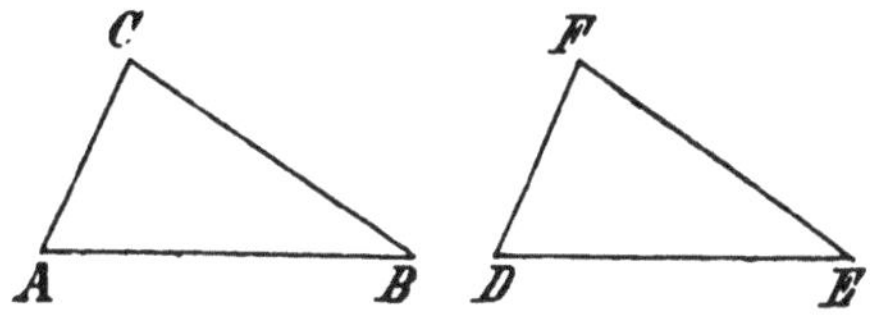

48. Théorème. (2e *cas d'égalité.*) *Deux triangles sont égaux, lorsqu'ils ont un côté égal et les deux angles adjacents égaux chacun à chacun.*

Hypothèse. $AB = DE$, $\angle A = D$, $\angle B = E$.

Conclusion. $\triangle ABC \cong DEF$.

Démonstration. Portons le triangle ABC sur DEF, de manière que le côté AB coïncide avec son égal DE, A étant en D et B en E. Puisque l'angle $A = D$, le côté AC prendra la direction DF, et puisque l'angle $B = E$, le côté BC prendra la direction EF. Donc le point C, devant se trouver à la fois sur DF et sur EF, tombera nécessairement sur leur point d'intersection F. Par suite les deux triangles sont superposables ou égaux.

Corollaire. Si, dans deux triangles, un côté, un angle adjacent et l'angle opposé à ce côté sont respectivement égaux, le troisième angle du premier triangle est égal au troisième angle de l'autre (n° 35, 2), et les triangles sont égaux par le théorème précédent. On peut donc donner à ce théorème une plus grande extension, en disant que:

Deux triangles sont égaux, lorsqu'ils ont un côté égal et deux angles semblablement placés égaux chacun à chacun.

49. Théorème. (3e *cas d'égalité.*) *Deux triangles sont égaux, lorsqu'ils ont les trois côtés égaux chacun à chacun.*

Hypothèse. $AB = DE$, $AC = DF$, $BC = EF$.

Conclusion. $\triangle ABC \cong DEF$.

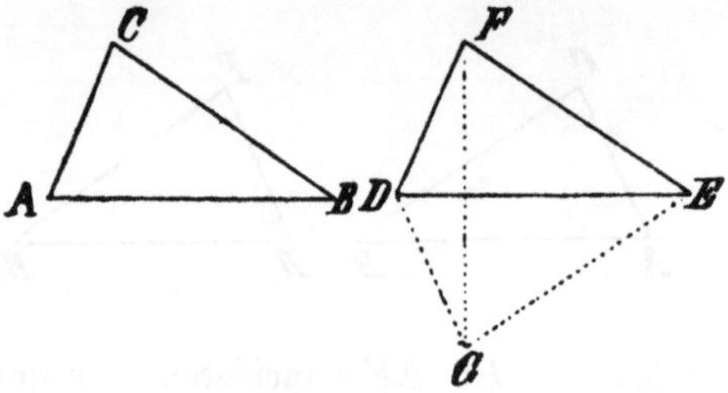

Démonstration. Portons le triangle ABC à côté de DEF, en le retournant et en plaçant le plus grand côté AB sur son égal DE, le point A en D et B en E. Soit DEG la nouvelle position de ABC. Les quatre angles adjacents au côté DE devant être aigus (no 43, 3), chacun des angles FDG, FEG est plus petit que 2^{dr}, d'où il résulte que la droite FG tombe dans l'intérieur du quadrilatère $DFEG$ et le partage en deux triangles DFG, EFG.

Cela posé, ces triangles sont isocèles, puisque $DF = DG$, $EF = EG$; donc on a (no 38) $\angle DGF = DFG$,

$$\angle EGF = EFG.$$

Si l'on ajoute ces égalités membre à membre, on obtient

$$\angle DGE = DFE.$$

Donc $\triangle DEG$ ou $ABC \cong DEF$ en vertu du 1er cas d'égalité.

50. Théorème. (4e *cas d'égalité.*) *Deux triangles sont égaux, lorsqu'ils ont deux côtés égaux chacun à chacun, ainsi que l'angle opposé au plus grand de ces deux côtés.*

Hypothèse. $BC = EF$, $AC = DF$, $BC > AC$, $(EF > DF)$, $\angle A = D$. *Conclusion.* $\triangle ABC \cong DEF$.

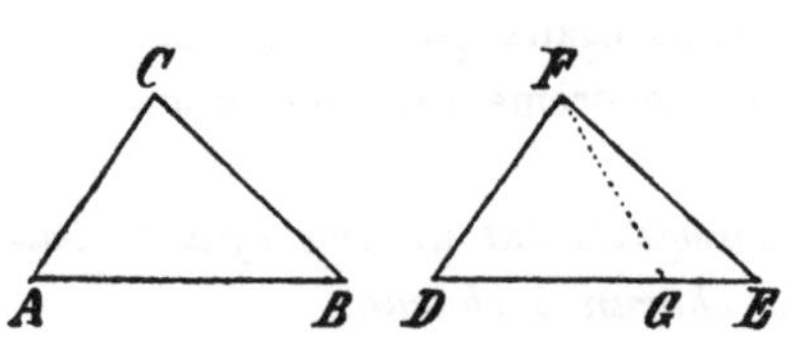

Démonstration. Portons le triangle ABC sur DEF, de manière que AC, le plus petit des deux côtés, coïncide avec son égal DF, A étant en D et C en F.

Comme l'angle $A = D$, le côté AB prendra la direction DE, et le point B se trouvera sur quelque point de cette ligne. On peut prouver que B ne saurait tomber autre part qu'en E.

En effet, s'il tombait en G, c'est-à-dire si DGF était la nouvelle position du triangle ABC, on aurait

$$FG = FE,$$

et par suite $\angle FEG = FGE$ . . . (n° 38).

Mais on a $\angle FGE > D$ . . . (n° 37);

on aurait donc aussi $\angle FEG > D$,

d'où il résulterait $DF > EF$ . . . (n° 42),

ce qui est contraire à l'hypothèse.

On arriverait à une pareille contradiction si le point B tombait sur le prolongement de DE au delà de E. Ainsi B ne peut tomber qu'en E; donc les deux triangles ABC, DEF coïncident parfaitement et sont égaux.

Corollaires. 1. Deux triangles qui ont deux côtés égaux chacun à chacun, ainsi que l'angle opposé au plus petit de ces deux côtés, ne sont pas nécessairement égaux. Dans le cas de l'inégalité, les angles opposés au plus grand des deux côtés sont supplémentaires.

Dans la figure ci-contre, les triangles DEF, DGF ont le côté DF et l'angle D communs et le côté EF égal à GF; mais ils sont inégaux, et l'on a

$$\angle DEF + DGF = 2^{dr}.$$

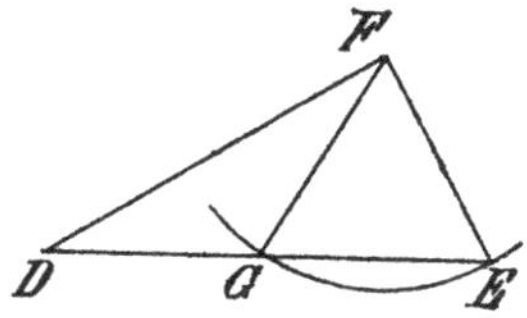

2. Deux triangles rectangles sont égaux, lorsqu'ils ont l'hypoténuse égale et un côté de l'angle droit égal.

51. Scolie.*) Deux triangles égaux, ABC et $A'B'C'$, satisfont à six conditions, savoir:

$$AB = A'B', \quad BC = B'C', \quad AC = A'C',$$
$$\angle A = A', \quad \angle B = B', \quad \angle C = C'.$$

Les quatre théorèmes précédents (n°s 47—50) font voir qu'en général trois de ces conditions suffisent pour l'égalité de deux triangles. Par suite, dès qu'on

*) Un *scolie* est une remarque sur une ou plusieurs propositions, faite en vue d'en montrer la liaison, l'utilité, la restriction ou l'extension.

aura reconnu l'égalité de deux triangles par l'application de l'un de ces quatre cas, on en conclura immédiatement que les trois éléments non employés sont aussi égaux chacun à chacun.

Ainsi les triangles égaux peuvent être employés pour démontrer l'égalité de droites ou d'angles. A cet effet on fera en sorte que ces grandeurs soient des côtés ou des angles de triangles dont on peut démontrer l'égalité au moyen de l'un des quatre théorèmes, mais indépendamment des grandeurs en question.

On voit aussi que trois éléments, choisis convenablement, suffisent pour déterminer un triangle.

52. Théorème. *Si deux côtés d'un triangle sont respectivement égaux à deux côtés d'un autre triangle et que les angles compris soient inégaux, les troisièmes côtés sont inégaux, et au plus petit angle est opposé le plus petit côté.*

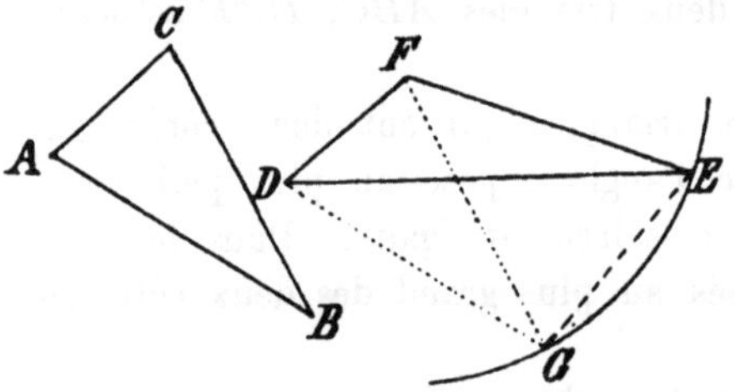

Hypothèse. $AC = DF$,
$BC = EF$,
$\angle C < F$.

Conclusion. $AB < DE$.

Démonstration. Portons le triangle ABC sur DEF, en plaçant le plus petit des deux côtés, AC, sur son égal DF, le point A en D et C en F. Puisque l'angle C est supposé plus petit que F, le côté CB tombera en FG dans l'intérieur de l'angle F. Le côté CB étant égal à FE par hypothèse, le point B se trouvera sur la circonférence décrite de F comme centre avec FE pour rayon. Comme d'ailleurs nous avons supposé $FD < FE$, le point D doit être (n° 13, 4) à l'intérieur de ce cercle, de même que le côté DE et le triangle DEF eux-mêmes. Donc réciproquement le point G, qui appartient à la circonférence, est à l'extérieur du triangle DEF.

Cela posé, en menant GE, on a dans le triangle isocèle FGE

$$\angle FEG = FGE.$$

Par conséquent $\angle DEG < FGE$;
et comme $\angle FGE < DGE$,
on a, à plus forte raison, $\angle DEG < DGE$.
De là résulte (n° 42) DG ou $AB < DE$.

53. Théorème. *(Réciproque du précédent.) Si deux côtés d'un triangle sont respectivement égaux à deux côtés d'un autre triangle et que les troisièmes côtés soient inégaux, les angles opposés aux derniers sont inégaux, et au plus petit côté est opposé le plus petit angle.*

La démonstration se fait indirectement.

Scolie. La vérité de cette réciproque repose sur le principe général suivant:

Lorsque, dans une proposition ou dans une série de propositions on a fait toutes les hypothèses possibles sur un sujet déterminé, et que chaque hypothèse a conduit à une conclusion différente de toutes les autres, on peut affirmer que les réciproques de ces propositions sont vraies.

§ 3. Applications. Propriétés du triangle isocèle, des perpendiculaires et des obliques.

54. Théorème 1. *La bissectrice de l'angle au sommet d'un triangle isocèle divise la base en deux parties égales et est perpendiculaire sur elle.*

Hypothèse. $AC = BC$,
$\angle ACD = BCD$.

Conclusion. $AD = BD$,
$CD \perp AB$.

Démonstration. Les triangles ACD, BCD sont égaux comme ayant deux côtés égaux chacun à chacun, ainsi que l'angle compris, savoir:

1° le côté CD commun,
2° le côté AC égal à BC, par hyp.,
3° l'angle ACD égal à BCD, par hyp.

Donc (n° 46, cor. 1) le 3e côté AD est égal au 3e côté BD, et l'angle ADC, opposé à AC, est égal à l'angle BDC, opposé à BC. Or ces deux angles adjacents sont supplémentaires (n° 22), et comme ils sont égaux, chacun d'eux est droit. Donc CD est perpendiculaire sur AB.

Théorème 2. *La droite qui joint le sommet d'un triangle isocèle au milieu de la base divise l'angle au sommet en deux parties égales et est perpendiculaire sur la base.*

Hypothèse. $AC = BC$, $AD = BD$.

Conclusion. $\angle ACD = BCD$, $CD \perp AB$.

Démonstration. $\triangle ACD \cong BCD$ en vertu du 3e cas d'égalité, donc $\angle ACD = BCD$; de même, $\angle ADC = BDC$. Ainsi la droite CD fait deux angles égaux avec AB; par suite (n° 22, cor. 3) $CD \perp AB$.

Théorème 3. *La perpendiculaire abaissée du sommet d'un triangle isocèle sur la base divise la base et l'angle au sommet chacun en deux parties égales.*

Hypothèse. $AC = BC$, $CD \perp AB$.

Conclusion. $AD = BD$, $\angle ACD = BCD$.

Démonstration. $\triangle ACD \cong BCD$ en vertu du 4e cas d'égalité, donc $AD = BD$, et $\angle ACD = BCD$.

Théorème 4. *La perpendiculaire élevée sur le milieu de la base d'un triangle isocèle passe par le sommet.*

Démonstration. Si la perpendiculaire en question ne passait pas par le sommet, on pourrait joindre le sommet au milieu de la base, et l'on aurait deux perpendiculaires élevées en un même point d'une droite, ce qui est impossible (n° 20, cor.).

Théorème 5. *Si deux triangles isocèles ont la base commune, la droite qui joint leurs sommets divise les angles aux sommets en deux parties égales et est perpendiculaire sur le milieu de la base.*

Hypothèse. $AC = BC$, $AD = BD$.

Concl. $\angle ACD = BCD$, $\angle ADC = BDC$, $AM = BM$, $CD \perp AB$.

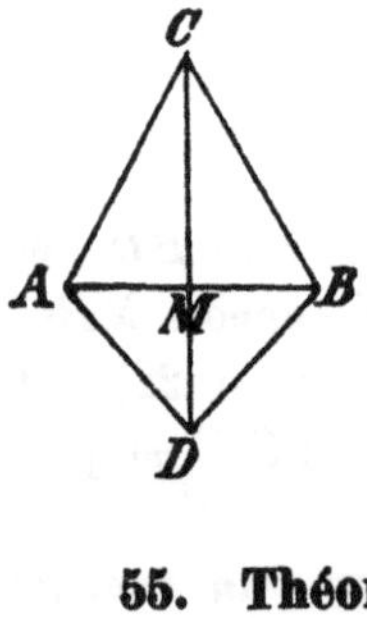

Démonstration. Les triangles ACD, BCD sont égaux en vertu du 3e cas d'égalité; il en résulte $\angle ACD = BCD$, $\angle ADC = BDC$. Donc la droite CD est la bissectrice de l'angle au sommet du triangle isocèle ABC et par suite est perpendiculaire sur le milieu de la base AB (théor. 1).

55. Théorème. *Si d'un point hors d'une droite on mène à cette droite la perpendiculaire et plusieurs obliques,*

1° *la perpendiculaire est plus courte que toute oblique;*

2° *deux obliques dont les pieds sont également distants du pied de la perpendiculaire sont égales;*

3° *de deux obliques dont les pieds sont inégalement distants du pied de la perpendiculaire, celle dont le pied s'en écarte le plus est la plus longue.*

Démonstration. 1° Soit AB la perpendiculaire abaissée de A sur LM. En menant une autre droite AC, on obtient un triangle rectangle, dans lequel (n° 43, 2) l'hypoténuse AC est plus grande que le côté AB.

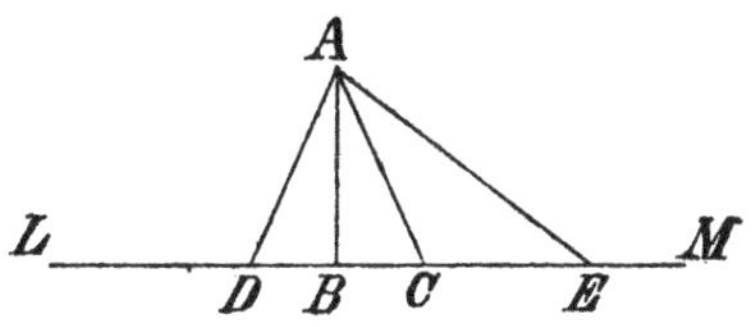

2° Soit $BC = BD$. Les deux triangles ABC, ABD sont rectangles et ont en outre les côtés de l'angle droit égaux chacun à chacun. Ils sont donc égaux (I)*), et de là résulte que les hypoténuses AC et AD sont égales.

3° Soient AE et AC deux obliques situées d'un même côté de la perpendiculaire. L'angle ACE est plus grand que l'angle droit ABC (n° 37, cor.) et par conséquent obtus. A cet angle obtus est opposée, dans le triangle ACE, l'oblique la plus éloignée AE, donc celle-ci est plus grande que AC (n° 43, 1).

Si l'on considérait deux obliques situées de part et d'autre de la perpendiculaire, comme AD et AE, on prendrait $BC = BD$ et l'on aurait l'oblique AC égale à AD (2°) et $AC < AE$, donc aussi $AD < AE$.

Remarque. En Géométrie, le mot *distance* est synonyme de *plus courte distance.* D'après cela on entend par *distance* d'un point à une droite la longueur de la perpendiculaire abaissée du point à la droite.

56. Réciproque. *Si une droite est la plus courte qu'on puisse mener d'un point à une autre droite, elle est perpendiculaire sur cette autre. Si deux obliques sont égales, leurs pieds sont également éloignés du pied de la perpendiculaire; et si deux obliques sont inégales, le pied de la plus grande en est le plus éloigné.*

---

*) Les chiffres romains I—IV indiquent le cas d'égalité sur lequel s'appuie la démonstration que l'on fait

La vérité de cette réciproque est évidente par le principe énoncé au n° 53.

Remarque. D'un même point on ne peut mener à une droite que deux obliques égales.

57. Théorème. *Tout point de la perpendiculaire au milieu d'un segment de droite est équidistant des extrémités de ce segment.*

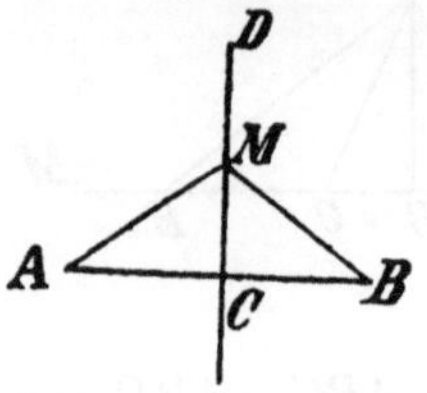

En effet, si l'on suppose $AC = BC$ et $CD \perp AB$, les droites MA, MB seront égales comme obliques dont les pieds sont également distants du pied C de la perpendiculaire (n° 55).

Réciproque. *Tout point équidistant de deux points donnés est situé sur la perpendiculaire au milieu de la droite qui joint ces points.* (n° 54, 4.)

Proposition contraire. *Tout point situé hors de la perpendiculaire au milieu d'un segment de droite, est inégalement distant des extrémités du segment.*

58. Théorème. *Tout point de la bissectrice d'un angle est équidistant des côtés de l'angle.*

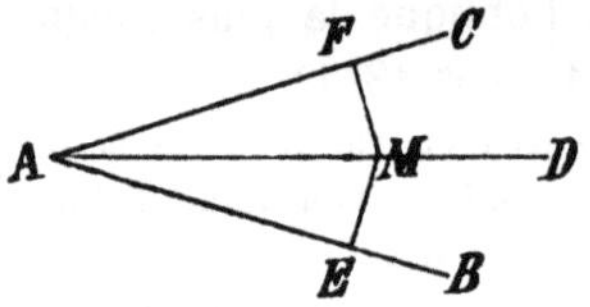

En effet, si les angles BAD, CAD sont égaux, les perpendiculaires ME, MF, qui mesurent les distances du point M aux deux côtés de l'angle, seront égales comme côtés homologues de deux triangles égaux (II).

Réciproque. *Tout point situé dans l'intérieur d'un angle et équidistant de ses côtés appartient à la bissectrice de l'angle.*

Proposition contraire. *Tout point situé dans l'intérieur d'un angle, mais hors de sa bissectrice, est inégalement distant des côtés de l'angle.*

59. Définition. L'ensemble des positions qu'un point peut prendre en vertu d'une condition donnée s'appelle le *lieu géométrique* de ce point.

Par conséquent, le lieu géométrique d'un point qui doit satisfaire à une condition donnée est une figure (ligne ou surface) dont tous les points satisfont à cette condition, et telle que tout point situé hors de la figure n'y satisfait pas.

Lieux géométriques. 1. *Le lieu d'un point situé à une distance donnée d'un point fixe est la circonférence décrite de ce point comme centre, avec la distance donnée pour rayon.* V. n°s 12 et 13.

2. *Le lieu d'un point équidistant de deux points fixes est la perpendiculaire au milieu de la droite qui joint les points fixes.* V. n° 57.

3. *Le lieu d'un point situé dans l'intérieur d'un angle donné et équidistant de ses côtés est la bissectrice de l'angle.* V. n° 58.

60. Scolie. Pour établir un lieu géométrique, il faut démontrer

ou: que tout point de la ligne en question satisfait à la condition donnée (*proposition directe*), et que tout point satisfaisant à cette condition appartient à la ligne en question (*proposition réciproque*),

ou bien: que tout point de la ligne en question satisfait à la condition donnée (*proposition directe*), et que tout point pris hors de la ligne ne satisfait pas à cette condition (*proposition contraire*).

Les deux modes de démonstration sont équivalents d'après le principe suivant:

Si une proposition et sa réciproque sont vraies, la proposition contraire est nécessairement vraie; et si une proposition et sa contraire sont vraies, la proposition réciproque est vraie aussi.

§ 4. Problèmes fondamentaux.

61. Problème. *Mener la perpendiculaire au milieu d'un segment de droite donné.*

Construction. Des extrémités (A et B) du segment de droite, avec une même ouverture de compas, décrivons deux circonférences qui se coupent en deux points (C et D). La droite (CD) qui joint ces points sera la perpendiculaire demandée.

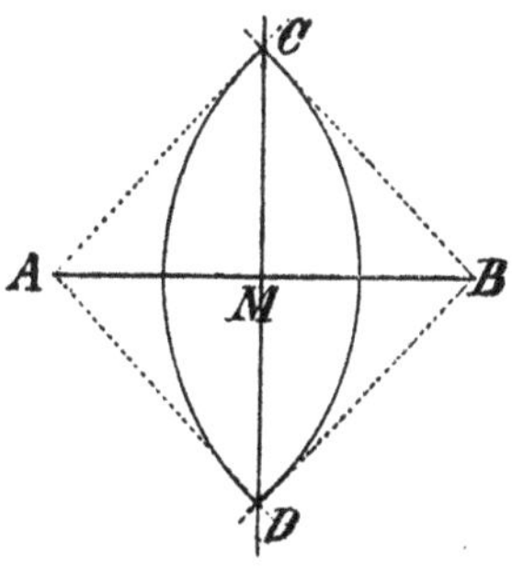

Démonstration. En menant AC, BC, AD, BD, on a deux triangles isocèles ABC, ABD, et l'on sait (n° 54, 5) que la droite CD qui en joint les sommets est perpendiculaire au milieu de la base AB.

Remarques. 1. Comme on a, dans le triangle ABC, $AC+BC>AB$, il s'ensuit que AC, c'est-à-dire le rayon des deux cercles, doit être pris plus grand que la moitié de AB.

2. Il n'est pas besoin de décrire les cercles entiers; on se borne à tracer deux arcs de chacun d'eux dans la région où l'on prévoit que l'intersection doit avoir lieu. Il est d'ailleurs évident que les deux points C et D, équidistants de A et de B, peuvent être déterminés avec des ouvertures de compas différentes et d'un même côté de la ligne AB.

62. Problème. *Diviser un segment de droite donné en deux parties égales.*

Construction. Déterminons, comme dans le problème précédent, deux points qui soient chacun équidistants des extrémités du segment de droite. La ligne droite qui joint ces points divise le segment donné en deux parties égales (nº 54, 5).

Remarque. En appliquant le même procédé à la moitié, au quart, etc., du segment donné, on le divise en 4, 8, etc., parties égales.

63. Problème. *En un point donné d'une droite, élever la perpendiculaire sur cette droite.*

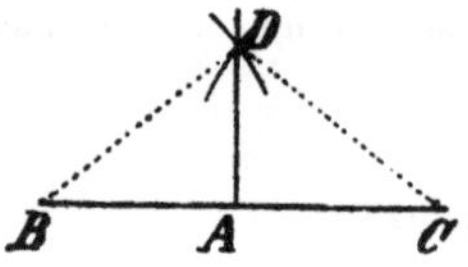

Construction. Prenons sur la droite donnée deux points (B et C) à égale distance du point donné (A), et déterminons un troisième point (D) équidistant des deux premiers. La droite qui le joint au point donné sera la perpendiculaire cherchée.

La démonstration repose sur le nº 54, 2.

64. Problème. *D'un point donné hors d'une droite, abaisser la perpendiculaire sur cette droite.*

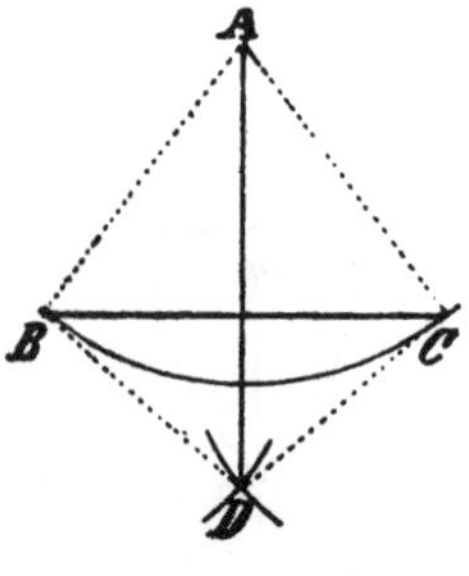

Construction. Déterminons sur la droite donnée deux points (B et C) à égale distance du point donné (A), en décrivant de ce point comme centre un arc de cercle qui coupe la droite. Puis construisons un troisième point (D) équidistant des deux premiers et joignons-le au point donné. On obtient ainsi la perpendiculaire demandée.

La démonstration résulte du nº 54, 5.

65. Problème. *Diviser un angle donné en deux parties égales.*

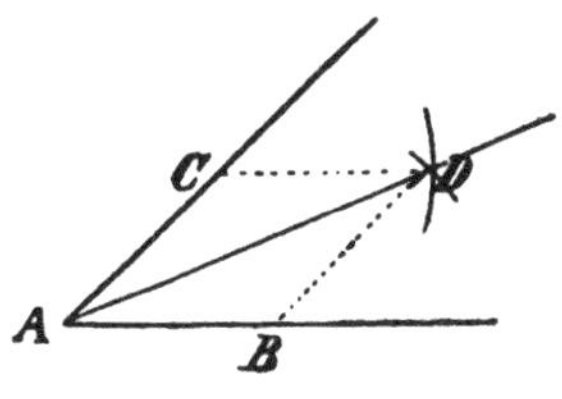

Construction. Prenons sur les côtés de l'angle donné deux points (B et C) à égale distance du sommet (A), et construisons un troisième point (D) équidistant des deux premiers. La droite qui joint ce point (D) au sommet (A) sera la bissectrice demandée.

Démonstration. Si nous menons BD, CD, les deux triangles ABD, ACD seront égaux (III); donc $\angle BAD = CAD$.

Remarque. Les bissectrices de deux angles adjacents et supplémentaires sont perpendiculaires l'une à l'autre. Les bissectrices de deux angles opposés par le sommet sont en ligne droite.

66. Problème. *En un point donné d'une droite, faire avec celle-ci pour côté un angle égal à un angle donné.*

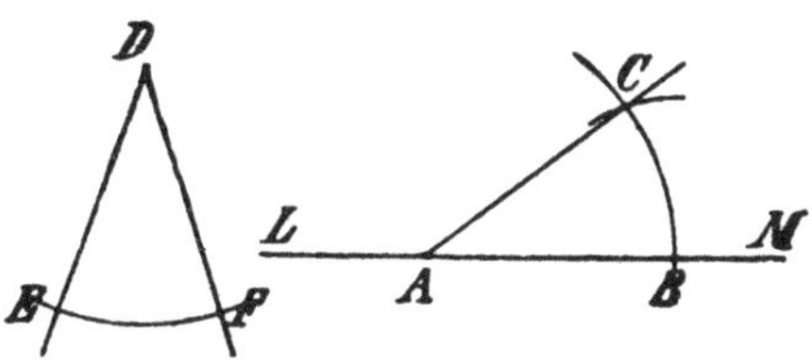

Construction. Du sommet (D) de l'angle donné, avec un rayon arbitraire, décrivons un arc de cercle entre les côtés de l'angle. Avec le même rayon, décrivons du point donné (A) un arc indéfini qui coupe la droite (LM) en un point (B). De ce point comme centre, avec la corde du premier arc pour rayon, traçons un troisième arc qui coupe l'arc indéfini en un point (C), et joignons ce dernier point (C) au point donné (A). L'angle (BAC) ainsi formé sera égal à l'angle donné.

Démonstration. Si l'on imagine les droites BC, EF, on a deux triangles égaux (III); donc les angles homologues BAC, EDF sont égaux.

Remarque. L'angle demandé peut avoir quatre positions différentes par rapport à la droite donnée LM. Pour que le problème soit complètement déterminé, il faut désigner particulièrement de quel côté de LM et avec laquelle des deux directions opposées AL et AM on doit construire l'angle demandé.

67. Problème. *Par un point donné, mener la parallèle à une droite donnée.*

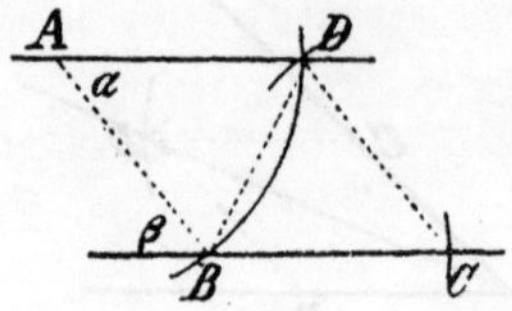

Construction 1re. Traçons par le point donné (A) une droite (AB) qui rencontre la ligne donnée et forme avec elle deux angles adjacents. Portons l'un de ces angles (par exemple β) au point donné de manière à former deux angles alternes-internes (α et β), et nous aurons la parallèle demandée (no 27, 2).

Construction 2e. Décrivons avec la même ouverture de compas trois arcs de cercle: le premier ayant le point donné A pour centre et coupant la droite donnée en B, le deuxième ayant B pour centre et coupant la droite donnée en C, le troisième ayant C pour centre et coupant le premier arc en D. La droite AD sera parallèle à BC.

En effet, si nous menons AB, BD, DC, les triangles ABD, CDB sont égaux (III); par suite $\angle ADB = CBD$, donc $AD \parallel BC$ (no 27, 2).

Remarque. A l'aide des deux derniers problèmes on peut résoudre le problème suivant: *Par un point situé hors d'une droite, mener une droite qui fasse avec la première un angle donné.*

68. Problème. *Construire un triangle, connaissant deux côtés et l'angle compris.*

Soient donnés les côtés b et c et l'angle α*).

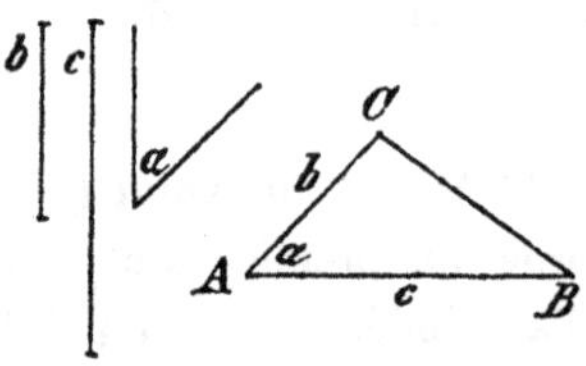

Construction. Sur une droite indéfinie quelconque, prenons une longueur AB égale à c; faisons au point A, avec AB, un angle égal à α, et prenons sur son deuxième côté, à partir de A, une longueur AC égale à b. Menons enfin BC, et nous aurons le triangle demandé.

Remarque. Avec deux côtés et l'angle compris, on peut toujours construire un triangle et un seul.

69. Problème. *Construire un triangle, connaissant un côté et les deux angles adjacents.*

---

*) Dans la construction d'un triangle, nous désignerons les trois angles par α, β, γ, et les côtés respectivement opposés par a, b, c.

Soient donnés le côté c et les angles α et β.

Construction. Traçons une droite $AB = c$; avec AB et d'un même côté de cette ligne, formons au point A un angle $= \alpha$, et au point B un angle $= \beta$. Si les côtés de ces deux angles se coupent en C, ABC sera le triangle demandé.

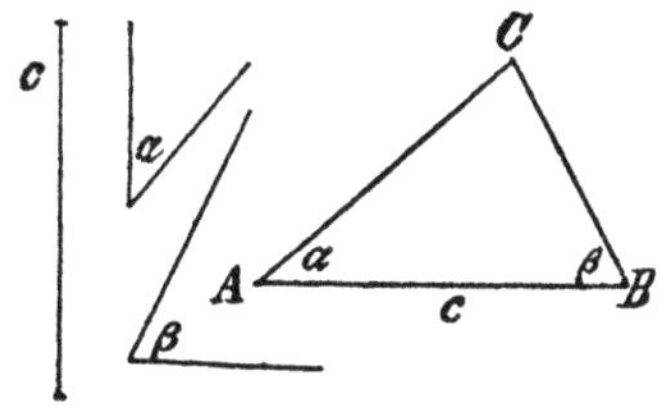

Remarque. Le problème n'est possible qu'autant que la somme des deux angles donnés est moindre que 2 droits.

70. Problème. *Construire un triangle, connaissant un côté, un angle adjacent et l'angle opposé.*

Soient donnés le côté c et les angles α et γ.

Construction 1re. On ramène ce problème au précédent en cherchant le troisième angle du triangle. On a donc à construire le supplément de la somme des deux angles donnés (n°s 16 et 66).

Construction 2e. Traçons une droite $AB = c$. Par le point A, menons une droite AD qui forme avec AB un angle $= \alpha$; de même, par un point arbitraire D de AD, menons une droite DE qui fasse, avec la direction DA et du côté de B, un angle $ADE = \gamma$. Traçons enfin par le point B la parallèle à DE jusqu'à la rencontre de AD en C. Le triangle ABC ainsi obtenu satisfera au problème.

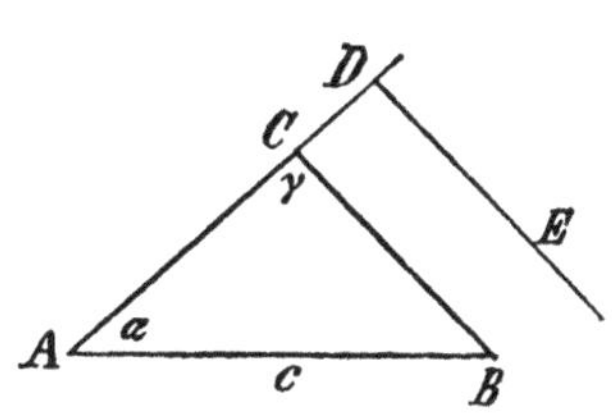

71. Problème. *Construire un triangle, connaissant les trois côtés.*

Soient a, b, c les côtés donnés.

Construction. Traçons $AB = c$; de A comme centre, avec b pour rayon, décrivons un arc de cercle; de même un deuxième arc de B comme centre, avec a pour rayon. Si C est le point d'intersection de ces arcs, il suffit de joindre C aux

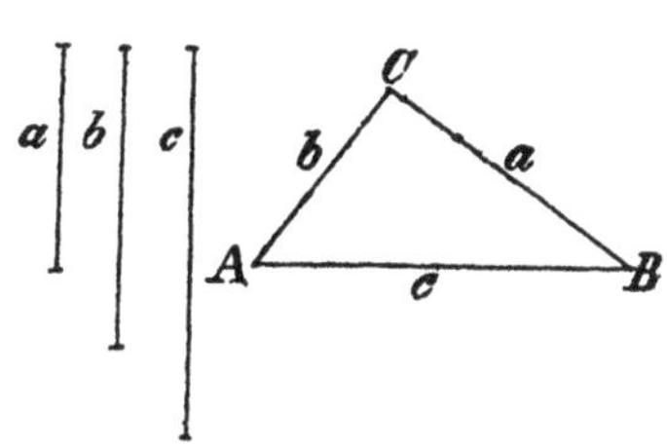

points A et B, pour avoir le triangle ABC satisfaisant au problème.

Remarque. Pour qu'on puisse construire un triangle ayant trois côtés donnés en longueur, il faut que chaque côté soit plus petit que la somme des deux autres (no 44). Ces conditions se réduisent à une seule, c'est que le plus grand côté soit plus petit que la somme des deux autres.

72. Problème. *Construire un triangle, connaissant deux côtés et l'angle opposé au plus grand de ces côtés.*

Soient donnés les côtés a et b et l'angle α; le côté a est supposé $>b$.

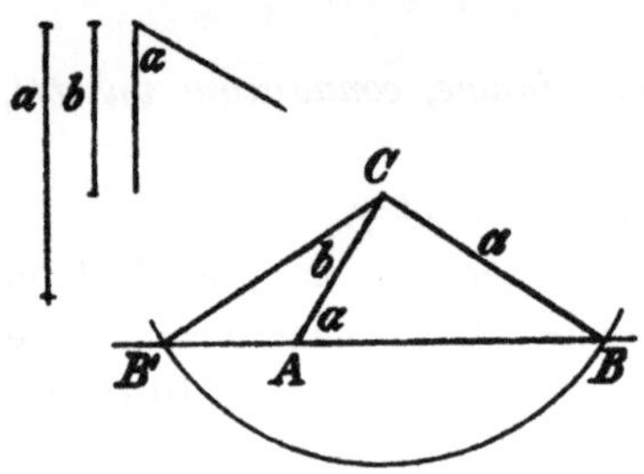

Construction. Prenons une longueur égale à celui des deux côtés qui doit être adjacent à l'angle donné, soit $AC=b$. Portons l'angle α au point A et décrivons du point C une circonférence avec a pour rayon. Cette circonférence coupera le deuxième côté de l'angle A en un seul point B; joignons B à C, et le triangle ABC satisfera aux conditions du problème.

Remarque. Comme la distance du point A au centre C est supposée plus petite que le rayon a, le point A est intérieur au cercle; donc la circonférence coupe le prolongement de BA en un point B', à gauche de A. Mais le triangle $AB'C$ ne remplit pas toutes les conditions du problème et doit par suite être rejeté.

Le problème a toujours une solution et une seule

73. Problème. *Construire un triangle, connaissant deux côtés et l'angle opposé au plus petit de ces côtés.*

Soient donnés les côtés a et b et l'angle α; le côté a est supposé $<b$.

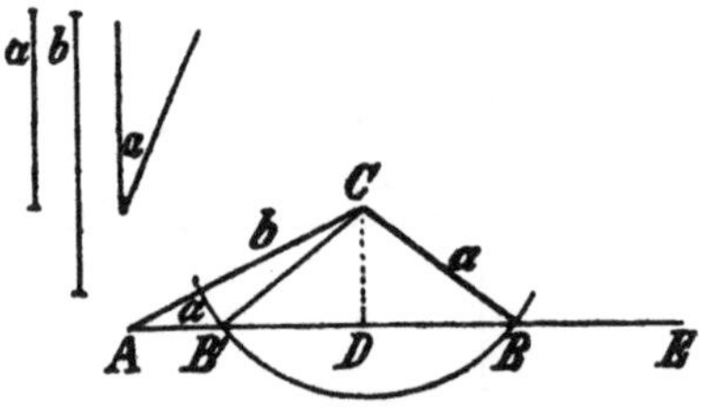

Construction. Prenons une longueur égale à celui des deux côtés qui doit être adjacent à l'angle donné, soit $AC=b$. Portons l'angle α au point A et décrivons une circonférence ayant C pour centre et a pour rayon. Si cette circonférence coupe le deuxième côté de l'angle A en deux points B et B', nous trouvons deux triangles ABC, $AB'C$ qui ont l'un et l'autre les trois éléments donnés dans la position exigée.

Remarque. Pour que le problème soit possible, il faut que l'angle donné soit aigu (nº 41) et que la circonférence rencontre le deuxième côté de l'angle. Si le côté a est $<$ la perpendiculaire CD abaissée de C sur AE, les deux lignes ne se rencontrent pas (nº 55), et le problème est impossible; si $a = CD$, le problème a une seule solution, le triangle rectangle ACD; enfin si $a > CD$, e problème a deux solutions, savoir: le triangle ABC acutangle en B et le riangle $AB'C$ obtusangle en B'. (nº 50, cor. 1.)

74. Scolie. On peut construire un triangle lorsque trois de ses six éléments sont donnés; toutefois parmi ces données doit se trouver au moins un côté. Ainsi *un triangle est déterminé quand on connaît:*

1º *deux côtés et l'angle compris;*

2º *un côté et deux angles;*

3º *les trois côtés;*

4º *deux côtés et l'angle opposé au plus grand de ces côtés.*

Les trois angles d'un triangle ne le déterminent pas, puisqu'il y a un nombre infini de triangles ayant les mêmes angles. (On dit d'un problème qu'il est *indéterminé,* lorsqu'il admet un nombre infini de solutions.)

Un triangle rectangle est déterminé par deux côtés, ou encore *par un côté et un angle aigu.*

Un triangle isocèle est déterminé par la base et un des côtés égaux, ou encore *par un côté et un angle.*

Un triangle équilatéral est déterminé par un côté; il en est de même d'un triangle rectangle isocèle.

CHAPITRE IV.

DES QUADRILATÈRES ET DES POLYGONES EN GÉNÉRAL.

75. Définitions. Un *parallélogramme* est un quadrilatère dont les côtés opposés sont parallèles.

Un *trapèze* est un quadrilatère dont deux côtés opposés seulement sont parallèles; ces deux côtés s'appellent les *bases* du trapèze. Un *trapèze isocèle* est un trapèze dont les deux côtés non parallèles sont égaux.

Un quadrilatère qui n'appartient à aucune des deux catégories précédentes se nomme quelquefois *trapézoïde*.

76. Théorème. *Dans tout parallélogramme, les angles adjacents à un même côté sont supplémentaires, et les angles opposés sont égaux.*

Car deux angles consécutifs sont internes d'un même côté par rapport à deux parallèles (nº 29, 3), et deux angles opposés ont leurs côtés parallèles et dirigés en sens contraire (nº 32).

Corollaires. 1. Quand on connaît un angle d'un parallélogramme, on peut trouver les autres angles.

2. Lorsqu'un angle d'un parallélogramme est droit, les autres sont aussi droits; et lorsqu'un angle est oblique, les autres sont aussi obliques.

77. Théorème. *Dans tout parallélogramme, les côtés opposés sont égaux.*

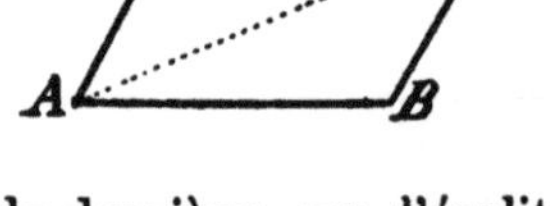

Hypothèse. $AB \parallel DC$, $AD \parallel BC$.

Conclusion. $AB = DC$, $AD = BC$.

Démonstration. En menant la diagonale AC, on forme les deux triangles ABC, CDA, qui sont égaux en vertu du deuxième cas d'égalité. En effet, le côté AC est commun; les angles CAB, ACD sont égaux comme alternes par rapport aux parallèles AB et DC, coupées par AC; les angles ACB, CAD

sont égaux comme alternes par rapport aux parallèles AD et BC, coupées par AC. De l'égalité de ces triangles résulte celle des côtés homologues, donc $AB = DC$, $AD = BC$.

78. Corollaires. 1. *Les portions de parallèles comprises entre deux parallèles sont égales.*

C'est une autre façon d'énoncer le théorème précédent.

2. *Chacune des deux diagonales décompose le parallélogramme en deux triangles égaux.*

3. *Lorsque deux côtés consécutifs d'un parallélogramme sont égaux, tous les quatre côtés sont égaux.*

4. *Si deux droites sont parallèles, tous les points de l'une sont à la même distance de l'autre.*

Car les perpendiculaires qu'on abaisse de deux points quelconques de l'une sur l'autre sont parallèles par le n° 31, 1, et égales, puisqu'elles sont comprises entre les parallèles données.

Définition. On appelle *distance* de deux parallèles la longueur de la perpendiculaire abaissée d'un point de l'une sur l'autre.

On peut donc dire aussi que *deux parallèles sont partout également distantes.*

79. Théorèmes. *(Réciproques du n° 77.)* 1. *Si dans un quadrilatère les côtés opposés sont égaux, la figure est un parallélogramme.*

Hypothèse. $AB = DC$, $AD = BC$. (Fig. du n° 77.)

Conclusion. $AB \parallel DC$, $AD \parallel BC$.

Démonstration. En menant la diagonale AC, on forme deux triangles égaux comme ayant les trois côtés égaux chacun à chacun. Par suite $\angle CAB = ACD$, donc $AB \parallel DC$ (n° 27, 2). On prouverait pareillement que $AD \parallel BC$.

2. *Si dans un quadrilatère deux côtés opposés sont égaux et parallèles, la figure est un parallélogramme.*

Hypothèse. $AB = DC$, $AB \parallel DC$.

Conclusion. $ABCD$ est un $\parallel$gr.

Démonstration. Traçons la diagonale AC. Puisque $AB \parallel DC$ par hyp., l'angle $CAB = ACD$ (n° 29, 2). En outre le côté $AB = DC$ par hyp., et le côté AC égale lui-même. Par conséquent le triangle $ABC \cong CDA$ (I). Il en résulte $\angle ACB = CAD$; donc $AD \parallel BC$ (n° 27, 2), et le quadrilatère est un parallélogramme.

80. Corollaires. 1. Deux droites sont parallèles, lorsque deux points de l'une sont équidistants de l'autre et que ces points se trouvent d'un même côté de cette dernière.

2. Tous les points situés d'un même côté et à une même distance d'une droite fixe appartiennent à une parallèle à cette droite.

Lieu géométrique. *Le lieu d'un point situé à une distance donnée d'une droite fixe se compose des deux parallèles à cette droite, menées à la distance donnée.*

81. Théorème. *Dans tout parallélogramme, les diagonales se coupent mutuellement en deux parties égales.*

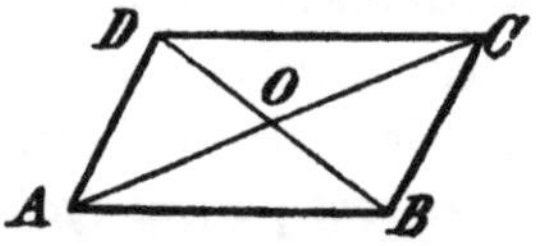

Hypothèse. $AB \parallel DC$, $AD \parallel BC$.
Conclusion. $OA = OC$, $OB = OD$.
Démonstration. Les triangles AOB, COD sont égaux (II); donc OA, côté opposé à l'angle OBA, est égal à OC, côté opposé à l'angle égal ODC. De même $OB = OD$.

Réciproque. *Si dans un quadrilatère les diagonales se coupent mutuellement en deux parties égales, le quadrilatère est un parallélogramme.*

Remarque. Le point d'intersection des diagonales est appelé le *centre* du parallélogramme.

82. Définitions. Un *rectangle* est un parallélogramme qui a un angle droit.

Un *losange* (ou *rhombe*) est un parallélogramme qui a deux côtés consécutifs égaux.

Un *carré* est un parallélogramme qui a un angle droit et deux côtés consécutifs égaux.

Un parallélogramme qui n'appartient à aucune des trois catégories précédentes se nomme quelquefois *rhomboïde*.

Il en résulte (n° 76, cor. 2; n° 78, cor. 3) qu'*un rectangle a tous ses angles droits sans avoir ses côtés égaux*, qu'*un losange a tous ses côtés égaux sans avoir ses angles droits,* et qu'*un carré a à la fois ses angles droits et ses côtés égaux.*

83. Théorèmes. 1. *Les diagonales d'un rectangle sont égales.*

Cela résulte de l'égalité des triangles ABC, BAD (1re fig.).

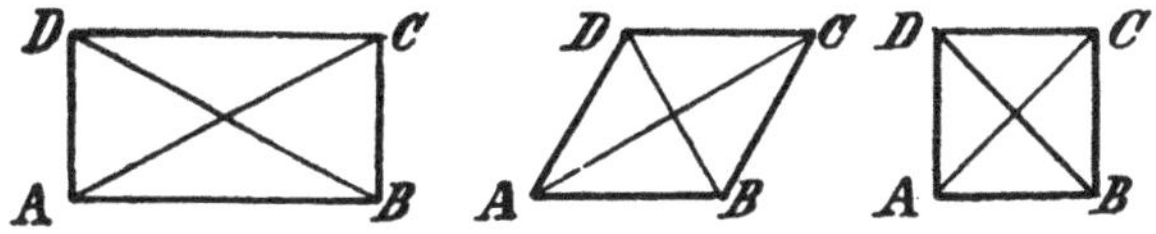

2. *Les diagonales d'un losange sont perpendiculaires l'une sur l'autre et bissectrices des angles opposés.*

Cela résulte du n° 54, 5.

3. *Les diagonales d'un carré sont égales, perpendiculaires l'une sur l'autre et bissectrices des angles opposés.*

Car le carré peut être considéré comme un losange-rectangle.

84. Problème. *Construire un parallélogramme dont on connaît deux côtés consécutifs et l'angle compris.*

Construction. Faisons un angle égal à l'angle donné et portons sur ses côtés des longueurs égales aux côtés donnés. De l'extrémité de chacune de ces longueurs, décrivons dans l'intérieur de l'angle un arc de cercle avec l'autre longueur comme rayon. Ces deux arcs se coupent en un point qui est le quatrième sommet du parallélogramme demandé.

La démonstration repose sur le n° 79, 1.

Remarques. 1. Le problème n'admet qu'une solution. On peut conclure de là que *deux parallélogrammes sont égaux, lorsqu'ils ont deux côtés égaux chacun à chacun, ainsi que l'angle compris.*

La construction d'un rectangle dont on connaît deux côtés consécutifs, et celle d'un carré dont on connaît le côté sont des cas particuliers du problème précédent.

2. De ce que chacune des diagonales d'un parallélogramme le décompose en deux triangles égaux, il résulte qu'un parallélogramme est déterminé quand on connaît trois éléments qui déterminent l'un de ces triangles. En particulier:

Un rectangle est déterminé 1° *par deux côtés consécutifs,* 2° *par un côté et la diagonale.*

Un losange est déterminé 1° *par le côté et un angle,* 2° *par le côté et une diagonale.*

Un carré est déterminé 1° *par le côté,* 2° *par la diagonale.*

85. Théorème. *Deux droites étant coupées par plusieurs parallèles, si deux segments quelconques de la première droite sont égaux, les segments correspondants de la seconde sont aussi égaux.*

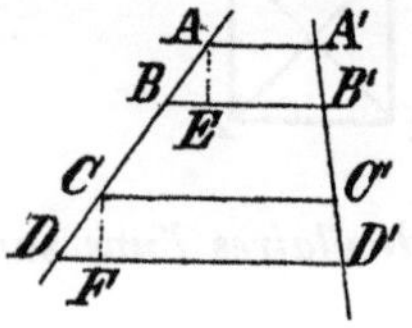

Hypothèse. $AA' \parallel BB' \parallel CC' \parallel DD'$,

$AB = CD$.

Conclusion. $A'B' = C'D'$.

Démonstration. Si par les points A et C on mène AE et CF parallèles à $A'D'$, on forme les deux triangles ABE, CDF, qui sont égaux (II), parce que $AB = CD$ par hyp. et que les angles sont égaux, soit comme correspondants, soit comme ayant les côtés parallèles et de même sens. Par suite $AE = CF$. Mais $AE = A'B'$, car ce sont deux côtés opposés du ||gr. $AA'B'E$; de même $CF = C'D'$. Donc $A'B' = C'D'$.

Remarque. La marche de la démonstration ne change pas lorsqu'on dispose les parallèles d'une autre manière, par exemple en menant l'une des parallèles par le point de concours des deux droites ou au delà de ce point.

86. Problème. *Diviser une portion de droite en un nombre donné de parties égales.*

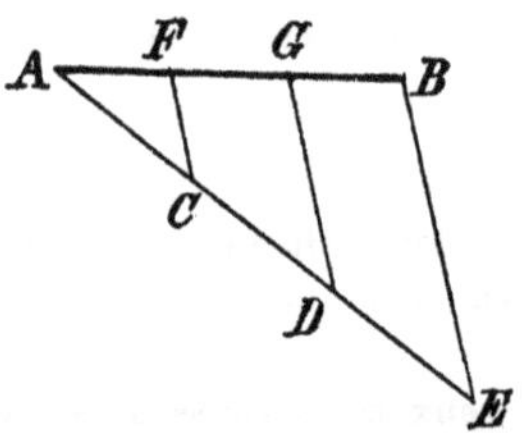

Construction. Soit à diviser la droite AB en 3 parties égales. Du point A traçons une droite indéfinie et portons sur elle 3 fois de suite une même longueur prise à volonté. Joignons le dernier point ainsi obtenu et l'extrémité B par une droite et menons les parallèles à cette dernière ligne par les autres points. Elles diviseront AB en 3 parties égales.

Pour la démonstration il faut imaginer encore la parallèle par A et appliquer le théorème précédent.

Remarque. Si l'on demande de trouver une fraction donnée d'une droite finie, par exemple les $\frac{4}{7}$, il suffit d'en déterminer $\frac{1}{7}$ au moyen d'une seule parallèle et de porter cette longueur 4 fois de suite sur la droite donnée.

87. Théorèmes. 1. *Dans tout triangle, la parallèle à l'un des côtés, menée par le milieu d'un autre côté, divise le troisième en deux parties égales.*

Démonstration. En menant par C la parallèle au côté AB, on voit que c'est une conséquence immédiate du n° 85.

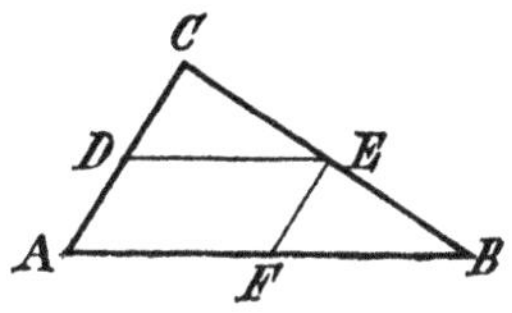

2. *Dans tout triangle, la droite qui joint les milieux de deux côtés est parallèle au troisième et égale à sa moitié.*

Hypothèse. $AD = DC$, $BE = EC$.

Conclusion. $DE \parallel AB$, $DE = \frac{1}{2}AB$.

Démonstration. 1° Si DE n'était pas parallèle à AB, on pourrait mener par D une autre droite parallèle à AB. Cette dernière devrait, en vertu du théorème 1, rencontrer BC en son milieu, de sorte que BC aurait deux milieux, ce qui est absurde.

2° Menons $EF \parallel AC$. Alors $ADEF$ est un parallélogramme, d'où (n° 77) $DE = AF$. Mais AF et FB sont les moitiés de AB, puisque EF est parallèle à AC et passe par E, milieu de BC. Donc DE est egale à la moitié de AB.

88. Théorèmes. 1. *Dans tout trapèze, la parallèle aux bases, menée par le milieu de l'un des côtés non parallèles, divise l'autre en deux parties égales.*

Cela résulte immédiatement du n° 85.

2. *Dans tout trapèze, la droite qui joint les milieux des côtés non parallèles est parallèle aux deux bases et égale à leur demi-somme.*

Hypothèse. $AB \parallel DC$, $AE = ED$,
$BF = FC$.

Conclusion. $EF \parallel AB$,
$EF = \frac{1}{2}(AB + DC)$.

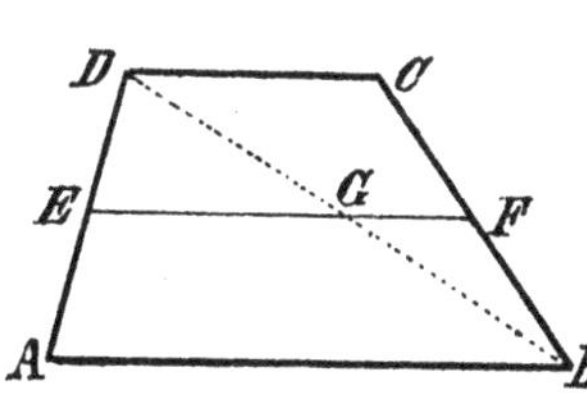

Démonstration. 1° Pour prouver le parallélisme des droites EF et AB, ou peut raisonner comme au n° 87, 2.

2° Pour montrer que EF égale la demi-somme des bases,

menons la diagonale *BD*, qui coupe *EF* en *G* et décompose le trapèze en deux triangles. Dans le triangle *ABD*, la droite *EG* passe par le milieu *E* de *AD* et est parallèle au côté *AB*, donc *G* est le milieu de *BD*, et *EG* vaut la moitié de *AB* (nº 87). De même, dans le triangle *DCB*, *GF* vaut la moitié de *DC*. Par suite *EG*+*GF* ou *EF* vaut la moitié de la somme des bases *AB* et *DC*.

Remarque. La droite *EF* passe par le milieu de la distance des deux bases; autrement dit, elle est équidistante des deux bases.

Lieu géométrique. *Le lieu du milieu d'une portion de droite comprise entre deux parallèles données est la parallèle équidistante.*

89. Théorème. *La somme des angles d'un polygone de n côtés vaut 2n—4 droits.*

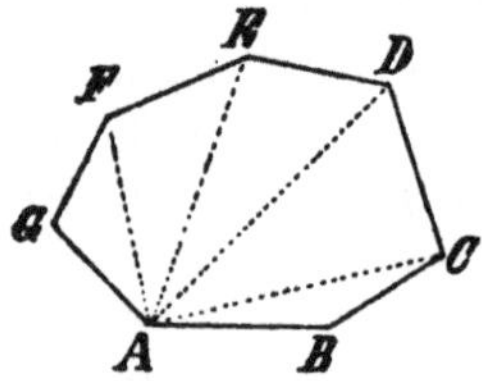

Démonstration. Dans le cas d'un polygone convexe, joignons l'un des sommets à tous les sommets non adjacents. On décompose ainsi le polygone en triangles dont le nombre égale celui des côtés du polygone, moins deux; car à chaque côté du polygone correspond un triangle, à l'exception du premier et du dernier côté. Or la somme des angles du polygone est la même que celle des angles de tous ces triangles; donc elle vaut $n-2$ fois 2 droits ou $2n-4$ droits.

Si le polygone n'est pas convexe, c'est-à-dire s'il a des angles rentrants, sa décomposition en $n-2$ triangles n'en est pas moins possible; seulement les diagonales ne passent pas toutes par le même sommet. On trouve donc la même valeur pour la somme des angles.

Corollaire. La somme des angles d'un quadrilatère est égale à 4 droits. Si donc ces angles sont égaux, chacun d'eux est droit.

90. Théorèmes. 1. *Deux polygones sont égaux, lorsqu'ils sont composés d'un même nombre de triangles égaux chacun à chacun et semblablement disposés.*

2. *Deux polygones de n côtés sont égaux, lorsqu'ils ont n—1 côtés égaux chacun à chacun, ainsi que les n—2 angles compris entre ces côtés.*

3. *Deux polygones de n côtés sont égaux, lorsqu'ils ont n—1 angles égaux chacun à chacun, ainsi que les n—2 côtés terminés aux sommets de ces angles.*

Ces théorèmes se démontreut par la superposition des polygones.

Corollaire. Un polygone de n côtés est en général déterminé quand on en connaît $2n-3$ éléments indépendants les uns des autres.

Chapitre V.

Du cercle.

§ 1. Arcs et cordes.

91. Définition. Un *segment de cercle* (ACB) est la portion d'un cercle comprise entre un arc et sa corde.

A une corde (AB) correspondent deux segments (ACB, ADB), dont la réunion forme le cercle. De même, à chaque corde correspondent deux arcs, dont la réunion forme la circonférence. On dit que ces deux arcs sont *sous-tendus* par la corde. Quand on parle de l'*arc correspondant à une corde*, il faut toujours entendre qu'il s'agit du plus petit de ces arcs.

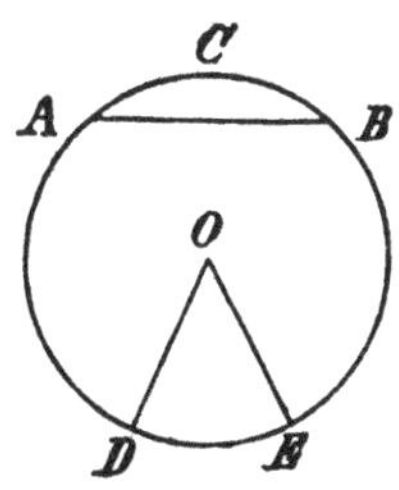

Un *secteur* (DOE) est la portion d'un cercle comprise entre un arc et les deux rayons menés à ses extrémités.

Un *angle au centre* (DOE) est un angle compris entre deux rayons.

Tout angle au centre *intercepte* un arc et un secteur.

92. Théorème. *Deux cercles de même rayon sont égaux.*

Car si l'on place l'un des cercles sur l'autre de sorte que les centres coïncident, les deux circonférences coïncideront aussi, puisque tous leurs points sont à égale distance du centre commun (n° 13, 4).

93. Théorème. *Le diamètre est la plus grande corde du cercle. Tout diamètre divise la circonférence et le cercle en deux parties égales. (Demi-circonférence, demi-cercle.)*

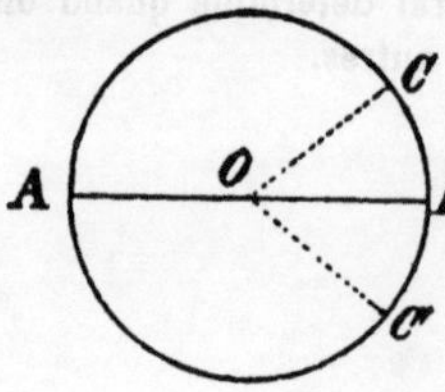

Démonstration. Toute corde qui ne passe pas par le centre forme un triangle avec les deux rayons qui aboutissent à ses extrémités. Par suite la corde est moindre que la somme des deux rayons (n° 44), c'est-à-dire moindre qu'un diamètre.

Pour démontrer la deuxième partie du théorème, menons un rayon quelconque OC, et de l'autre côté du diamètre AB le rayon OC', tel que l'angle $BOC = BOC'$. Puis plions la figure autour de AB. Le rayon OC tombera sur OC', et le point C sur C'. Tous les points de l'arc ACB se plaçant ainsi sur l'arc $AC'B$, ces deux arcs coïncident et par suite sont égaux, de même que les deux segments de cercle correspondants.

Corollaire. La plus grande droite qu'on puisse inscrire dans un cercle est égale à son diamètre.

94. Théorèmes. 1. *Dans un même cercle ou dans des cercles égaux, à des angles au centre égaux correspondent des arcs égaux et des cordes égales.*

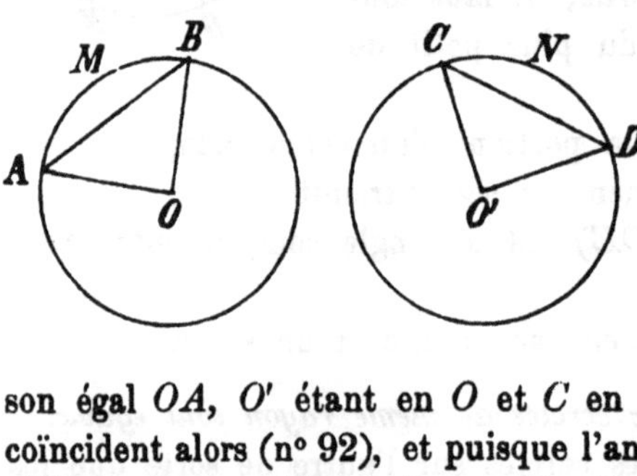

Hypothèse. $OA = O'C$, $\angle AOB = CO'D$.

Conclusion. Arc $AMB = CND$, corde $AB = CD$.

Démonstration. Plaçons le cercle O' sur le cercle O de sorte que le rayon $O'C$ coïncide avec son égal OA, O' étant en O et C en A. Les deux circonférences coïncident alors (n° 92), et puisque l'angle $CO'D = AOB$ par hyp., $O'D$ tombe sur OB et D sur B. Donc l'arc CND coïncide avec l'arc AMB, et la corde CD avec la corde AB.

Les secteurs et les segments correspondants sont aussi égaux chacun à chacun.

Dans le cas d'un seul cercle, on pourra concevoir ce cercle dédoublé et opérer la superposition comme tout à l'heure.

2. *(1re Réciproque.) Dans un même cercle ou dans des cercles égaux, à des arcs égaux correspondent des angles au centre égaux et des cordes égales.*

Hypothèse. $OA = O'C$, arc $AMB = CND$.

Conclusion. $\angle AOB = CO'D$, corde $AB = CD$.

Démonstration. On peut, comme dans le premier théorème, placer les cercles l'un sur l'autre, en appliquant le centre O' sur O et le point C sur A. Les circonférences coïncident alors (nº 92), et comme l'arc CD est égal à AB par hyp., le point D vient en B. Donc les angles au centre coïncident, de même que les cordes.

3. *(2e Réciproque.) Dans un même cercle ou dans des cercles égaux, à des cordes égales correspondent des angles au centre égaux et des arcs égaux.*

Hypothèse. $OA = O'C$, corde $AB = CD$.

Conclusion. $\angle AOB = CO'D$, arc $AMB = CND$.

Démonstration. L'égalité des deux cordes entraîne celle des triangles OAB, $O'CD$ (III). Donc les angles au centre sont égaux, et par suite les arcs interceptés.

Corollaires. 1. *Au plus grand de deux angles au centre correspond le plus grand arc, et réciproquement.*

2. Par le premier des 3 théorèmes qui précèdent, le problème de *diviser un arc en un certain nombre de parties égales* se ramène à celui de diviser l'angle au centre correspondant en un même nombre de parties égales (nº 65).

95. Théorèmes. 1. *Le rayon mené par le milieu d'un arc divise sa corde en deux parties égales et est perpendiculaire sur elle.*

2. *Le rayon mené par le milieu d'une corde divise l'arc correspondant en deux parties égales et est perpendiculaire sur la corde.*

3. *Le diamètre perpendiculaire sur une corde divise en deux parties égales cette corde et chacun des deux arcs qu'elle sous-tend.*

4. *La perpendiculaire élevée sur le milieu d'une corde passe par le centre du cercle et par le milieu de chacun des deux arcs que cette corde sous-tend.*

5. *La droite menée par les milieux d'un arc et de sa corde passe par le centre et est perpendiculaire sur la corde.*

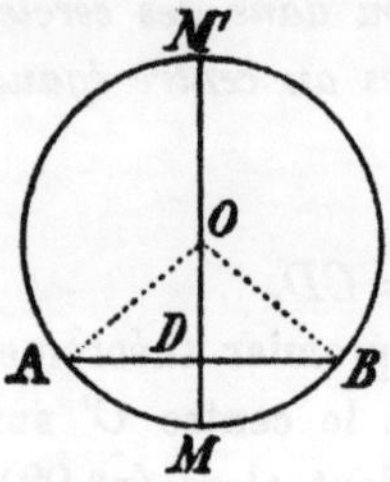

On démontre ces théorèmes à l'aide des nos 54 et 94, en remarquant que deux points de la circonférence et le centre sont les sommets d'un triangle isocèle.

Remarque. La droite DM est appelée la *flèche* de l'arc AMB.

96. Problème. *Faire passer une circonférence par trois points non situés en ligne droite.*

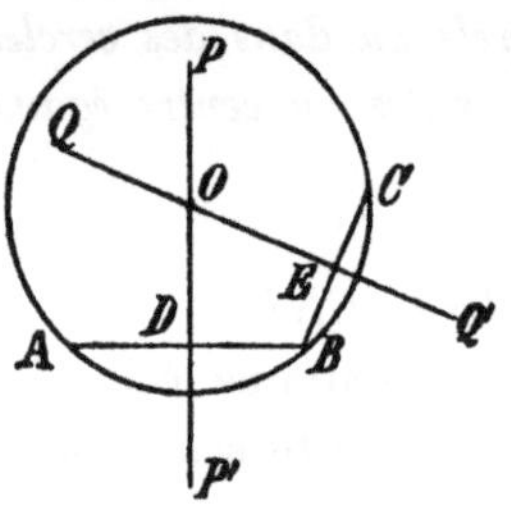

Construction. Soient A, B, C les trois points donnés. Joignons l'un d'eux, B par exemple, aux deux autres et menons les perpendiculaires aux milieux des deux droites AB et BC (n° 61). Le point de rencontre O des deux perpendiculaires sera le centre, et sa distance à l'un des points sera le rayon de la circonférence demandée.

Démonstration. Tout point de la perpendiculaire PP' est équidistant de A et de B (n° 57), et tout point de la perpendiculaire QQ' est équidistant de B et de C. Donc le point O, qui se trouve sur chacune des perpendiculaires, est équidistant des trois points.

97. Corollaires. 1. *Par trois points non situés en ligne droite, on peut toujours faire passer une circonférence, et l'on n'en peut faire passer qu'une.* En d'autres termes, *trois points non situés en ligne droite déterminent une circonférence.*

En effet, les deux perpendiculaires se coupent toujours en un point, car si elles étaient parallèles, les perpendiculaires BD et BE, abaissées du point B sur ces lignes, devraient être en ligne droite. De plus, ce point O est le seul qui soit à la même distance des points donnés; car tout autre point est extérieur au moins à l'une des droites PP' et QQ', et par suite inégalement distant des points donnés.

2. *Deux circonférences distinctes ne peuvent avoir plus de deux points communs.*

3. *On ne peut pas faire passer une circonférence par trois points situés en ligne droite.*

Car les deux perpendiculaires PP' et QQ' ne se coupent pas si les trois points se trouvent sur une droite (n° 31, 1).

4. *Une droite ne peut rencontrer une circonférence en plus de deux points.*

Cela résulte aussi de la remarque au n° 56.

98. Théorème. *Deux cordes égales d'un cercle sont également distantes du centre; et de deux cordes inégales, la plus grande est la plus rapprochée du centre.*

Démonstration. 1° Soient AB et CD deux cordes égales; il s'agit de démontrer que les perpendiculaires OE, OF, qui mesurent les distances des deux cordes au centre, sont égales. Menons les rayons OB et OC. On a $BE = CF$ comme moitiés de cordes égales (n° 95, 3), $OB = OC$ et $\angle E = F$; donc $\triangle OBE \cong OCF$ (IV), d'où $OE = OF$.

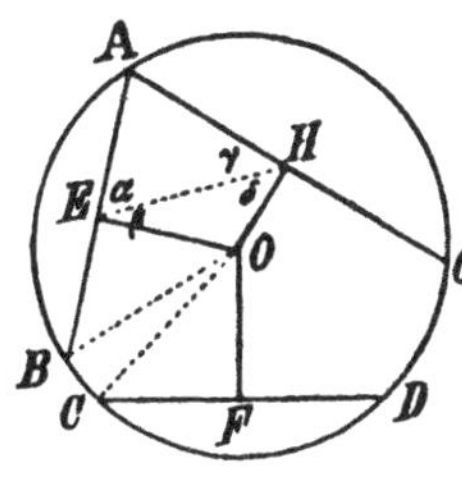

2° Soient AB et AG deux cordes inégales, ayant une extrémité commune et inscrites de part et d'autre du centre. On suppose $AG > AB$, et il faut prouver que la perpendiculaire $OH < OE$. Or ces perpendiculaires forment avec les moitiés des cordes un quadrilatère convexe, dans lequel la diagonale EH divise les angles droits E et H chacun en deux parties. On a d'après l'hypothèse $AH > AE$, donc $\alpha > \gamma$ (n° 41). De là résulte (n° 8, 9) que β, complément de α, est plus petit que δ, complément de γ. Par suite $OH < OE$ (n° 42), ce qu'il fallait démontrer.

Comme toute autre corde égale à AB est à la même distance du centre, il s'ensuit que le théorème est vrai pour n'importe quelle position des deux cordes.

Remarque. La deuxième partie de la démonstration fait voir que, si deux triangles rectangles (AEO, AHO) ont l'hypoténuse égale et un autre côté inégal, les troisièmes côtés sont inégaux dans le sens contraire.

Réciproque. *Deux cordes également distantes du centre sont*

égales; et de deux cordes inégalement distantes du centre, la plus rapprochée est la plus grande.

La vérité de cette réciproque repose sur le principe du n° 53.

§ 2. TANGENTE. INTERSECTION ET CONTACT DE DEUX CIRCONFÉRENCES.

99. Définitions. Une droite indéfinie qui a deux points communs avec une circonférence s'appelle *sécante*. Telle est AS.

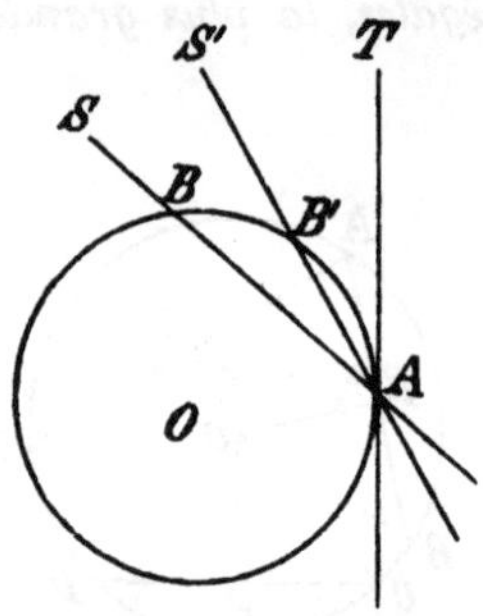

Une droite indéfinie qui n'a qu'un point commun avec une circonférence s'appelle *tangente* à cette courbe. Telle est AT. Le point commun A est nommé *point de contact*.

Si l'on fait tourner la sécante AS autour de l'un A des deux points d'intersection jusqu'à ce que le second B vienne se confondre avec le premier, la sécante devient tangente à la circonférence. Il en est de même quand une sécante tourne autour d'un point extérieur au cercle. On peut donc considérer la tangente comme une position particulière d'une sécante qui se meut de la manière indiquée.

100. Théorèmes. 1. *La perpendiculaire à l'extrémité d'un rayon est tangente à la circonférence.*

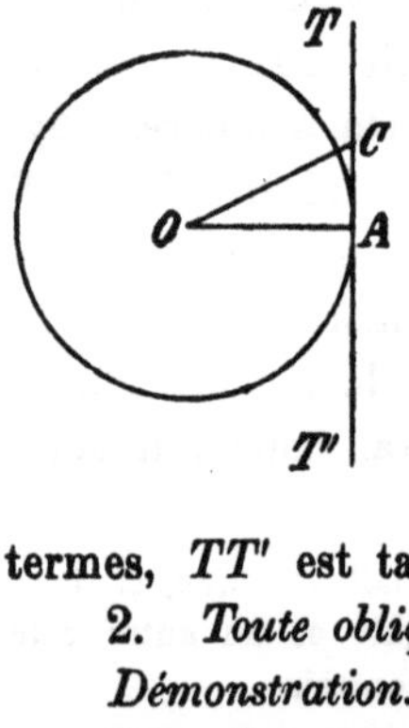

Hypothèse. $TT' \perp OA$.

Conclusion. TT' est tangente.

Démonstration. Toutes les autres droites menées de O à TT', OC par exemple, sont obliques sur TT' et par suite plus longues que le rayon OA (n° 55); donc les pieds de ces obliques sont extérieurs au cercle (n° 13, 4), et la droite TT' n'a que le point A commun avec la circonférence. En d'autres termes, TT' est tangente au cercle.

2. *Toute oblique à l'extrémité d'un rayon est sécante.*

Démonstration. Soit AS (fig. du n° 99) une droite oblique sur OA. La perpendiculaire abaissée du centre sur AS est plus petite que le rayon (n° 55), par conséquent le pied de cette perpendiculaire est situé dans le cercle, et la droite AS coupe la circonférence une seconde fois.

Remarque. Une droite est sécante, tangente ou extérieure à la circonférence, suivant que sa distance au centre est inférieure, égale ou supérieure au rayon.

101. Corollaires. 1. *Le rayon mené au point de contact d'une tangente est perpendiculaire sur cette ligne.*

Cela est évident par le principe énoncé au n° 60.

2. *La perpendiculaire abaissée du centre sur une tangente passe par le point de contact.*

En effet, si elle ne passait pas par le point de contact, on pourrait joindre ce point au centre, et on aurait deux perpendiculaires abaissées d'un point sur une droite, ce qui est impossible (n° 35, 4).

3. *La perpendiculaire élevée sur une tangente au point de contact passe par le centre.*

En effet, si elle ne passait pas par le centre, on pourrait joindre ce point au point de contact, et on aurait deux perpendiculaires élevées sur une droite en un même point, ce qui est impossible (n° 20, cor.).

102. Définitions. Lorsque deux circonférences ont deux points communs, on dit qu'elles se *coupent* ou qu'elles sont *sécantes.*

Lorsque deux circonférences n'ont qu'un point commun, on dit qu'elles se *touchent* ou qu'elles sont *tangentes.* Le point commun est appelé *point de contact.* Les circonférences se touchent *extérieurement* ou *intérieurement,* suivant que le point de contact est situé entre les deux centres ou au delà de ces points.

La droite qui joint les centres de deux cercles quelconques porte le nom de *ligne des centres.*

Deux points sont dits *symétriques* par rapport à une droite, lorsqu'ils sont situés sur une même perpendiculaire à cette droite et à égale distance de part et d'autre.

103. Théorème. *Si deux circonférences ont un point com-*

mun hors de la ligne des centres, elles ont un second point commun, symétrique du premier par rapport à cette ligne.

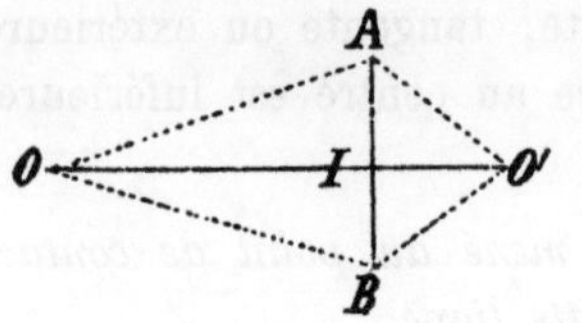

Démonstration. Soient O et O' les centres, A un point commun aux deux circonférences. Si l'on abaisse $AI \perp OO'$ et qu'on prolonge AI d'une quantité égale à elle-même, on obtient le point B, qui sera aussi commun aux deux courbes. On a en effet $OA = OB$ (n° 57, 1), donc la circonférence ayant O pour centre et OA pour rayon passera par le point B. On démontre de même que la circonférence O' doit passer par le point B.

Réciproque. *Si deux circonférences se coupent, les deux points d'intersection sont symétriques par rapport à la ligne des centres.*

En effet les triangles OAB, $O'AB$ sont isocèles et ont la base AB commune; par suite la droite OO' est perpendiculaire au milieu de AB (n° 54, 5).

104. Théorème. *Si deux circonférences ont un point commun sur la ligne des centres, elles ne se rencontrent en aucun autre point, c'est-à-dire qu'elles sont tangentes.*

Car si elles avaient un second point commun, les deux points ne seraient pas symétriques par rapport à la ligne des centres, ce qui est en contradiction avec la réciproque précédente.

Réciproque. *Si deux circonférences se touchent (extérieurement ou intérieurement), le point de contact est sur la ligne des centres.*

Car si le point de contact se trouvait hors de la ligne des centres, les deux circonférences auraient nécessairement un second point commun de l'autre côté de cette ligne (n° 103), ce qui est contraire à l'hypothèse.

105. Scolie. Deux circonférences ne peuvent occuper l'une par rapport à l'autre que cinq positions différentes: quand elles n'ont aucun point commun, elles peuvent être extérieures ou intérieures l'une à l'autre; quand elles ont un seul point commun, elles peuvent se toucher extérieurement ou intérieurement; enfin quand elles ont deux points communs, elles se coupent.

A chacune de ces positions relatives correspond une relation différente entre la distance des centres et les rayons, comme nous allons le voir au n° suivant.

106. Théorème. 1° *Si deux circonférences sont extérieures l'une à l'autre, la distance des centres est plus grande que la somme des rayons;*

2° *si elles se touchent extérieurement, la distance des centres est égale à la somme des rayons;*

3° *si elles se coupent, la distance des centres est à la fois plus petite que la somme et plus grande que la différence des rayons;*

4° *si elles se touchent intérieurement, la distance des centres est égale à la différence des rayons;*

5° *si elles sont intérieures l'une à l'autre, la distance des centres est plus petite que la différence des rayons.*

Pour se rendre compte du troisième cas, il suffit d'appliquer le n° **44** au triangle formé par la distance des centres et deux rayons. Les autres cas sont évidents d'après ce qui précède.

Chacune des 5 parties de ce théorème admet une réciproque, qu'il est facile d'énoncer. V. le principe général sur les réciproques au n° 53.

§ 3. Angles inscrits.

107. Définition. Un angle *inscrit* est un angle formé par deux cordes qui se coupent sur la circonférence.

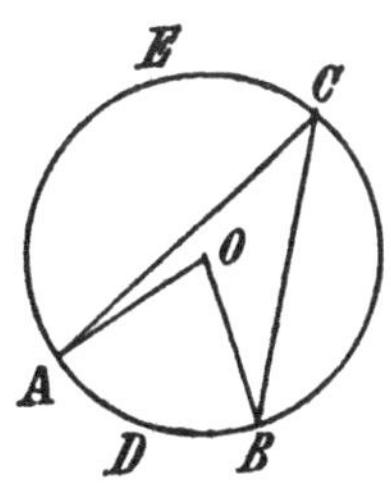

A tout angle inscrit, tel que ACB, correspondent deux arcs (ADB, AEB), une corde (AB) et un angle au centre (AOB). On dit de l'angle ACB qu'il *s'appuie sur l'arc ADB* compris entre ses côtés ou qu'il *intercepte* cet arc; on dit aussi qu'il est *inscrit dans l'arc* ou *le segment AEB*.

108. Théorème. *Tout angle inscrit est égal à la moitié de l'angle au centre qui intercepte le même arc.*

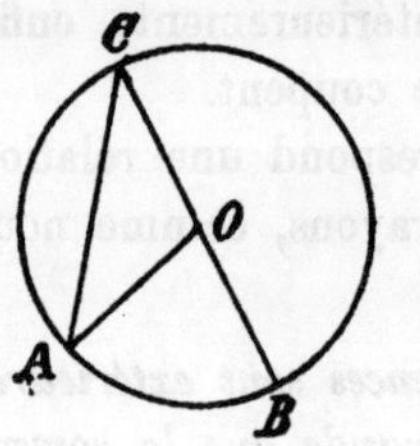

Conclusion. $\angle ACB = \frac{1}{2} AOB$.

Démonstration. Il faut distinguer les 3 cas suivants:

1° Le centre est situé sur un des côtés de l'angle inscrit. On a

$\angle AOB = C + A$ (n° 37); or $A = C$ (n° 38), donc $AOB = 2C$, ou bien $C = \frac{1}{2} AOB$.

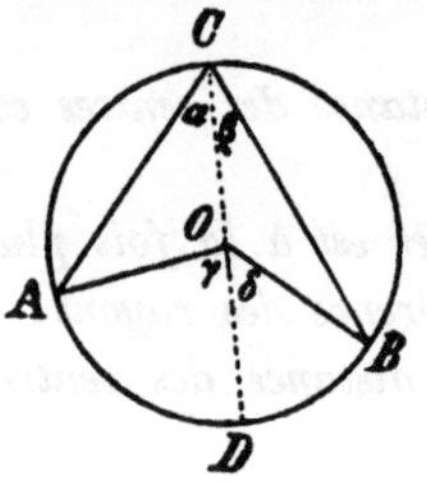

2° Le centre est situé dans l'angle inscrit. Si l'on mène le diamètre CD, l'angle ACB est la somme des angles α et β. Or, d'après le premier cas, $\alpha = \frac{1}{2}\gamma$, et $\beta = \frac{1}{2}\delta$. Donc $\alpha + \beta = \frac{1}{2}\gamma + \frac{1}{2}\delta$ ou $\frac{1}{2}(\gamma + \delta)$; c'est-à-dire $\angle ACB = \frac{1}{2} AOB$.

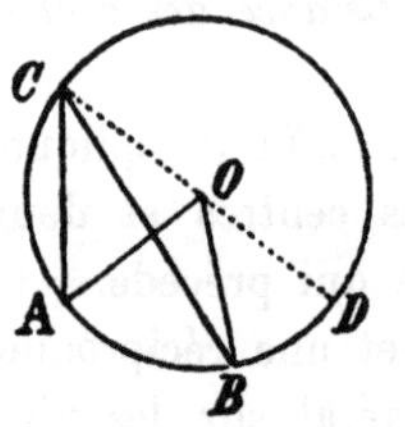

3° Le centre est situé hors de l'angle inscrit. Si l'on mène le diamètre CD, l'angle ACB est la différence des angles ACD, BCD. Or, d'après le premier cas,

$$ACD = \tfrac{1}{2} AOD, \quad BCD = \tfrac{1}{2} BOD.$$

Donc

$$ACD - BCD = \tfrac{1}{2}(AOD - BOD),$$

c'est-à-dire $\angle ACB = \frac{1}{2} AOB$.

109. Corollaires. 1. *Tous les angles inscrits qui s'appuient sur le même arc sont égaux.*

Car ils sont tous égaux à la moitié d'un même angle au centre.

2. *A des arcs égaux correspondent des angles inscrits égaux, et réciproquement.*

Car les angles au centre correspondants sont égaux (n° 94).

A l'aide de ce corollaire on peut démontrer le théorème: *Deux cordes parallèles interceptent sur la circonférence des arcs égaux, et réciproquement.*

3. *Tous les angles inscrits dans le même segment sont égaux.* Car ils s'appuient sur le même arc (cor. 1).

4. *Tout angle inscrit dans un demi-cercle est droit.* Car l'angle au centre correspondant vaut 2 droits.

Définition. On dit d'un segment de cercle, ainsi que de son arc, qu'ils sont *capables d'un angle donné*, lorsque les angles inscrits dans le segment sont égaux à cet angle.

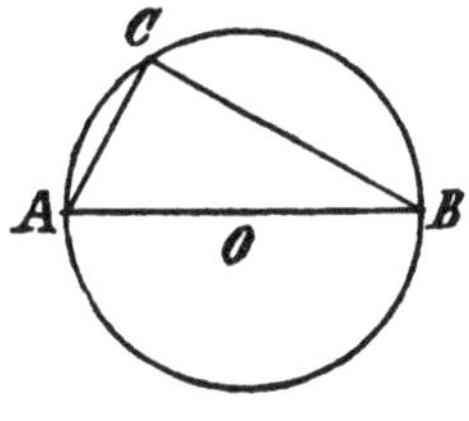

110. Théorème. *L'angle formé par une tangente et une corde (issue du point de contact) est égal à l'angle inscrit qui intercepte le même arc.*

Démonstration. Soit BC la tangente, AD la corde. Pour démontrer que l'angle aigu CAD est égal à l'angle inscrit qui s'appuie sur l'arc AFD, menons le diamètre AE et la corde DE. L'angle CAD fait un droit avec α, puisque le diamètre AE est perpendiculaire sur la tangente (n° 101, 1). D'autre part l'angle AED fait aussi un droit avec le même angle α, car les deux angles aigus du triangle rectangle ADE (n° 109, 4) sont complémentaires (n° 36, cor.). Donc les angles CAD, AED, ayant même complément, sont égaux.

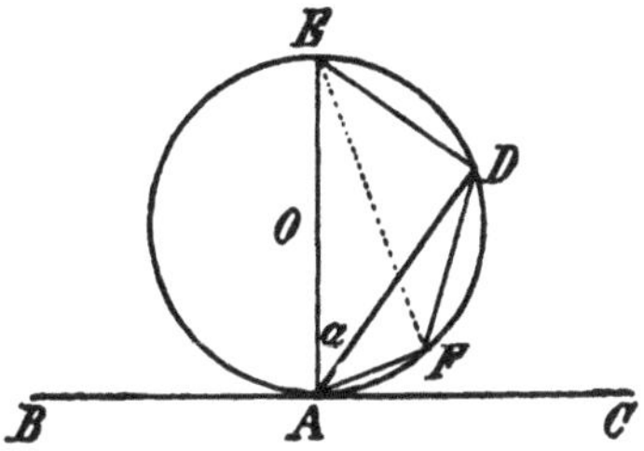

Quant à l'angle obtus BAD, on voit qu'il se compose d'un angle droit et de α. L'angle inscrit AFD se compose aussi d'un angle droit et de DFE. Or $\alpha = DFE$ (n° 109, 1), donc

$$BAD = AFD.$$

111. Théorème. *Si, de deux points situés d'un même côté d'une droite, une portion de cette droite est vue sous le même angle, les deux points appartiennent à un arc de cercle ayant cette portion de droite pour corde.*

Démonstration. Soient C et D les deux points d'où l'on voit AB sous le même angle. Supposons qu'il existe deux circonférences différentes, l'une passant par A, B et C, l'autre par A, B et D. L'un des deux segments ACB, ADB, par exemple ACB, sera alors plus petit que

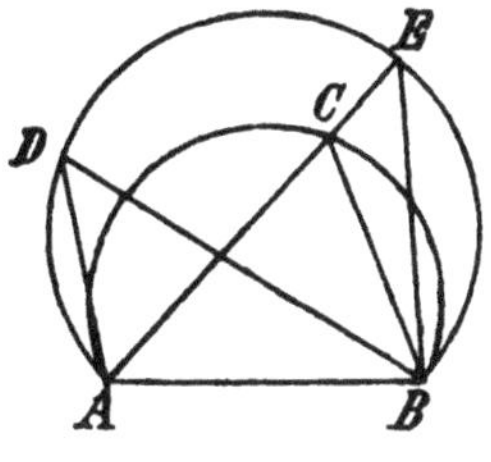

l'autre, et le prolongement de AC rencontrera l'arc extérieur en un point E. Si l'on mène BE, on a $\angle ACB > AEB$ (n° 37, cor.), $\angle AEB = ADB$ (n° 109, 1), d'où $ACB > ADB$. Cette conclusion étant contraire à l'hypothèse, il s'ensuit que notre supposition est fausse, et que par conséquent les deux points appartiennent au même arc.

112. Lieu géométrique. *Dans chacune des deux régions du plan séparées par une droite, le lieu d'un point d'où l'on voit une portion de cette droite sous un angle donné est un arc de cercle capable de cet angle et décrit sur la portion de droite comme corde.*

Cas particulier: *Le lieu d'un point d'où l'on voit une portion de droite sous un angle droit est la circonférence décrite sur cette portion de droite comme diamètre* (n° 109, 4).

Remarque. Les sommets de tous les triangles ayant un côté commun et l'angle opposé égal à un angle donné se trouvent sur les deux arcs capables de l'angle donné et décrits sur ce côté comme corde.

Cas particulier: Les sommets de tous les triangles rectangles construits sur la même hypoténuse se trouvent sur la circonférence décrite sur l'hypoténuse comme diamètre.

113. Problème. *Sur une portion de droite comme corde, décrire un arc capable d'un angle donné.*

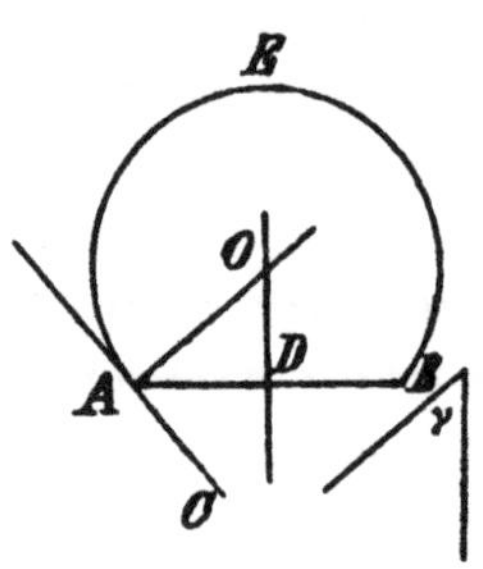

Construction. Soit AB la droite sur laquelle on veut décrire un arc capable de l'angle γ. Par l'une des extrémités de AB, par exemple A, traçons une droite AC qui fasse avec AB un angle $= \gamma$. Élevons au même point la perpendiculaire sur AC, et menons la perpendiculaire au milieu de AB. Le point O où se coupent ces perpendiculaires sera le centre, et sa distance à A ou à B le rayon de l'arc demandé.

Il est à remarquer que l'arc qui répond au problème est situé au delà de la corde AB par rapport à l'angle BAC.

Démonstration. Puisque AC est perpendiculaire à l'extrémité du rayon OA, elle est tangente au cercle (n° 100, 1) et l'angle BAC, qu'elle forme avec la corde AB, est égal à l'angle inscrit dans l'arc opposé AEB (n° 110). D'ailleurs $BAC = \gamma$ par construction; donc l'arc AEB est capable de γ.

114. Problème. *D'un point situé hors d'un cercle, mener une tangente à ce cercle.*

Analyse. Supposons le problème résolu et soit AB une tangente issue du point A. En menant OB, on a le triangle rectangle OAB, dont l'hypoténuse est donnée. Par suite le point B appartient à la circonférence décrite sur OA comme diamètre (n° 112, rem.). Ce point se trouve en outre sur la circonférence donnée, il sera par suite à l'intersection des deux circonférences. On en déduit la construction suivante.

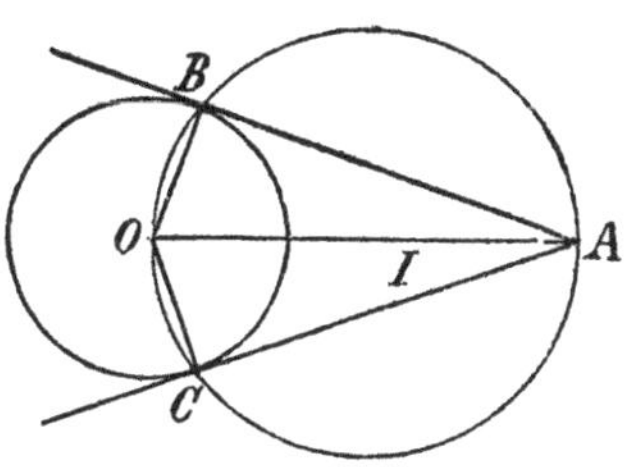

Construction. Joignons le point donné au centre O; divisons OA en deux parties égales; du milieu I, avec le rayon $IO = IA$, décrivons une circonférence qui coupera la circonférence donnée en deux points B et C. En joignant ces points au point donné, nous aurons les deux tangentes AB et AC.

Remarque. Le problème de *mener les tangentes communes à deux cercles donnés* se ramène au précédent, quand on décrit une circonférence auxiliaire du centre du plus grand cercle avec un rayon égal à la différence ou à la somme des rayons.

115. Corollaire. *Les deux tangentes menées d'un même point à une circonférence sont égales et font des angles égaux avec la droite qui joint ce point au centre.*

Réciproquement, *la bissectrice de l'angle de deux tangentes passe par le centre.*

§ 4. Figures inscrites et circonscrites.

116. Définitions. Lorsque les sommets d'un polygone sont situés sur une circonférence de cercle, on dit du polygone qu'il est *inscrit dans le cercle,* et du cercle qu'il est *circonscrit au polygone.*

Lorsque les côtés d'un polygone sont tangents à une circonférence de cercle, on dit du polygone qu'il est *circonscrit au cercle*, et du cercle qu'il est *inscrit dans le polygone.*

117. Problème. *Circonscrire un cercle à un triangle donné.*

Ce problème est identique à celui du n° 96.

Corollaires. 1. *On peut toujours circonscrire un cercle, et un seul, à un triangle donné.* Suivant que le triangle est acutangle, rectangle ou obtusangle, le centre du cercle circonscrit se trouve dans l'intérieur du triangle, au milieu de l'hypoténuse ou à l'extérieur du triangle.

2. *Les perpendiculaires aux milieux des trois côtés d'un triangle concourent en un même point.*

En effet, deux des perpendiculaires déterminent le centre du cercle circonscrit au triangle; le troisième côté est une corde de ce cercle, donc la perpendiculaire élevée sur son milieu passe aussi par le centre (n° 95, 4).

3. *Les trois hauteurs d'un triangle, c'est-à-dire les perpendiculaires abaissées des sommets sur les côtés opposés, concourent en un même point.*

En effet, les trois hauteurs sont les perpendiculaires aux milieux des côtés d'un second triangle, qu'on obtient en menant par les sommets du triangle primitif les parallèles aux côtés opposés (nos 31, 2 et 77).

118. Problème. *Inscrire un cercle dans un triangle donné.*

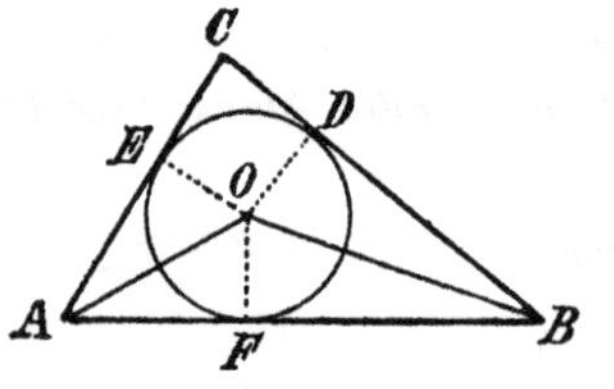

Construction. Menons les bissectrices de deux angles du triangle, par exemple des angles A et B. Le point de rencontre de ces bissectrices sera le centre, et sa distance à l'un des côtés sera le rayon du cercle demandé.

Démonstration. Tout point de la bissectrice AO est équidistant des deux côtés de l'angle A (n° 58), et tout point de la bissectrice BO est équidistant des deux côtés de l'angle B. Donc le point O, qui se trouve sur chacune des deux bissectrices, est équidistant des trois côtés du triangle. Si l'on abaisse dès lors les perpendiculaires OD, OE, OF de O sur les côtés, elles sont égales; donc la circonférence décrite de O avec l'une d'elles pour rayon passera par les points D, E, F et touchera les côtés en ces points (n° 100, 1).

Corollaires. 1. *On peut toujours inscrire un cercle, et un seul, dans un triangle donné.*

2. *Les bissectrices des trois angles d'un triangle concourent en un même point.*

En effet, deux des bissectrices déterminent le centre du cercle inscrit au triangle; le troisième angle est formé par deux tangentes de ce cercle, donc sa bissectrice passe aussi par le centre (n° 115, réc.).

119. Scolie. On peut décrire encore trois autres circonférences qui touchent chacune l'un des côtés du triangle donné et les prolongements des deux autres. Car les bissectrices des angles extérieurs se coupent deux à deux en trois points, dont chacun est équidistant des côtés du triangle.

Ces trois cercles sont extérieurs au triangle et s'appellent pour cette raison *cercles ex-inscrits*. Le centre d'un cercle ex-inscrit est le point de concours d'une bissectrice intérieure avec deux bissectrices extérieures.

Il y a donc en général quatre circonférences tangentes à trois droites données.

120. Théorème. *Dans tout quadrilatère inscrit dans un cercle, les angles opposés sont supplémentaires.*

Démonstration. Les deux angles au centre qui correspondent aux angles B et D valent ensemble 4^{dr}. Mais tout angle inscrit est la moitié de l'angle au centre correspondant (n° 108), donc les angles B et D valent ensemble 2^{dr}. Il en est de même des angles A et C.

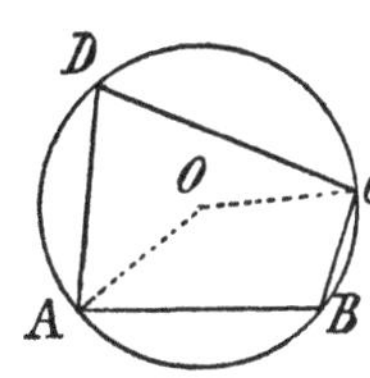

Réciproque. *Si dans un quadrilatère deux angles opposés sont supplémentaires, on peut circonscrire une circonférence à ce quadrilatère, c'est-à-dire qu'il est inscriptible.*

Démonstration. Soit $B + D = 2^{dr}$; pour prouver que les quatre sommets sont situés sur la même circonférence, décrivons celle qui passe par les trois sommets A, B, C, et joignons A et C à un point E de l'arc situé au-dessus de la corde AC. Le quadrilatère $ABCE$ étant inscrit dans le cercle, l'angle E est le

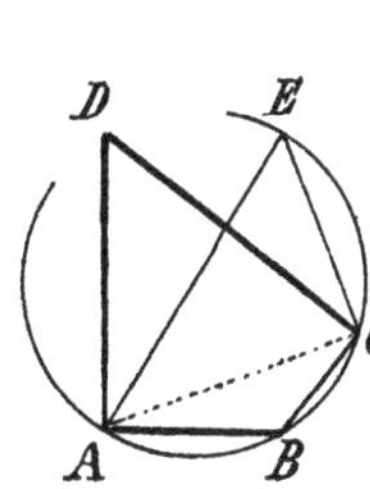

supplément de B par le théorème direct; l'angle D est aussi le supplément de B par hypothèse, par suite $\angle E = D$. De là résulte que le point D appartient aussi à la circonférence qui passe par A, B, C (nº 111).

Corollaire. On peut circonscrire un cercle au rectangle, au carré et au trapèze isocèle, mais non aux autres parallélogrammes ou trapèzes.

121. Théorème. *Dans tout quadrilatère circonscrit à un cercle, la somme de deux côtés opposés est égale à celle des deux autres.*

Démonstration. Soit le quadrilatère $ABCD$ formé par quatre tangentes. On a (nº 115)

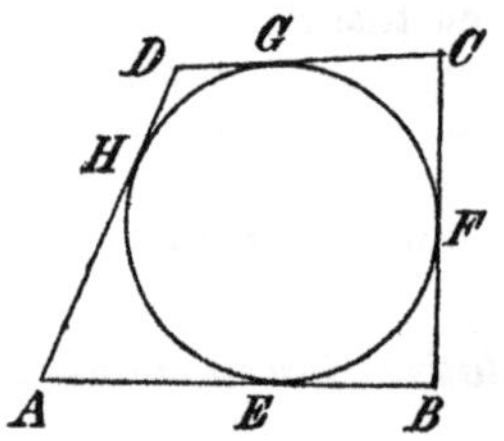

$$AE = AH,$$
$$BE = BF,$$
$$CG = CF,$$
$$DG = DH;$$

donc $AB + CD = BC + AD$.

Réciproque. *Si dans un quadrilatère la somme de deux côtés opposés est égale à celle des deux autres, on peut inscrire un cercle dans le quadrilatère, c'est-à-dire qu'il est circonscriptible.*

Corollaire. On peut inscrire un cercle dans le losange et le carré, mais non dans les autres parallélogrammes.

CHAPITRE VI.

DE L'ÉQUIVALENCE.

122. Définitions. On appelle *aire* d'une figure la surface de cette figure considérée au point de vue de sa grandeur.

Deux figures sont dites *équivalentes* lorsqu'elles ont des aires égales.

Corollaires. 1. Des figures égales ($\cong$) sont aussi équivalentes ($=$). Des figures peuvent être équivalentes sans avoir la même forme.

2. Les sommes ou les différences de figures équivalentes sont équivalentes. V. n° 8.

D'après ce qui vient d'être dit, les sommes ou les différences de figures *égales* sont nécessairement *équivalentes;* pour qu'elles deviennent *égales*, il faut que ces figures soient disposées de la même manière.

123. Définitions. Un côté quelconque d'un triangle étant pris pour *base*, le sommet opposé s'appelle le *sommet* du triangle, et la perpendiculaire abaissée du sommet sur la base se nomme la *hauteur* du triangle.

Un côté quelconque d'un parallélogramme étant pris pour *base*, la *hauteur* du parallélogramme est la perpendiculaire qui mesure la distance de la base au côté opposé (n° 78, déf.).

Les *bases* d'un trapèze sont ses deux côtés parallèles, et sa *hauteur* est la perpendiculaire qui mesure la distance des deux bases.

Corollaire. Les parallélogrammes et les triangles qui sont compris entre les mêmes parallèles ont même hauteur. Réciproquement, des parallélogrammes et des triangles de même hauteur peuvent être placés entre les mêmes parallèles.

124. Théorème. *Deux parallélogrammes de même base et de même hauteur sont équivalents.*

Démonstration. Plaçons les parallélogrammes entre deux parallèles de sorte qu'ils aient la base commune. On forme ainsi deux triangles ADF, BCE, qui sont égaux (I) puisque $AD = BC$, $AF = BE$, $\angle DAF = CBE$ (n° 32). Si du trapèze $ABED$ on retranche le triangle ADF, on obtient pour reste le parallélogramme $ABEF$; si de la même figure on retranche le triangle BCE, on obtient pour reste le parallélogramme $ABCD$. Or les différences de figures égales sont équivalentes, donc ||gr. $ABEF = ABCD$.

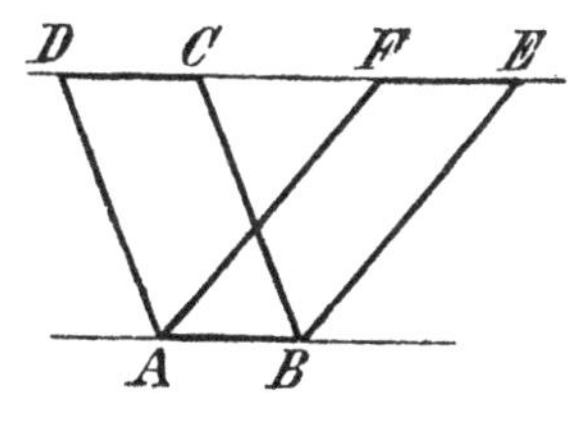

Corollaire. *Si deux parallélogrammes équivalents ont même base, ils ont aussi même hauteur, et réciproquement.*

Cela se démontre par la réduction à l'absurde.

125. Théorème. *Un triangle est la moitié d'un parallélogramme de même base et de même hauteur.*

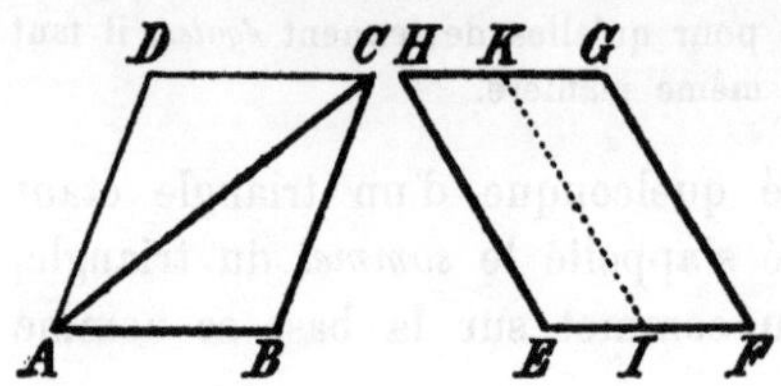

Démonstration. Un triangle est la moitié du parallélogramme qu'on obtient en mènant par deux de ses sommets les parallèles aux côtés opposés, et qui à son tour est équivalent au parallélogramme donné d'après le théorème précédent.

Corollaire. *Un triangle est équivalent à un parallélogramme qui a même hauteur et une base moitié de celle du triangle.*

Car le triangle et le parallélogramme sont les moitiés de deux parallélogrammes équivalents.

126. Théorème. *Deux triangles de même base et de même hauteur sont équivalents.*

Car ils sont les moitiés de deux parallélogrammes équivalents (n° 125).

Corollaire. *Si deux triangles équivalents ont même base, ils ont aussi même hauteur, et réciproquement.*

127. Problèmes de transformations.

Transformer une figure, c'est construire une figure équivalente, mais de forme différente.

Problème 1. *Transformer un triangle en un autre qui ait la même base et son sommet sur une ligne donnée.*

Si un triangle donné doit être transformé en un autre qui ait la même base, le lieu géométrique du sommet est une droite parallèle à cette base (n° 126, cor.). Mais pour que le problème soit déterminé, il faut qu'il contienne encore une condition d'où l'on puisse déduire un second lieu du même sommet. L'intersection des deux lieux détermine le point cherché. De là cette construction:

On mènera par le sommet du triangle donné la parallèle à la base, et en joignant aux extrémités de la base le point où cette parallèle rencontre la ligne donnée, on aura le triangle demandé.

Problème 2. *Transformer un triangle en un autre qui ait la même base et un angle donné.*

Construction. Il y a deux cas à distinguer: 1° si l'angle donné doit être adjacent à la base, on le portera à l'une des extrémités de la base; 2° si l'angle doit être opposé à la base, on construira sur la base l'arc capable de cet angle. Dans les deux cas, il reste encore à mener par le sommet la parallèle à la base et à joindre les intersections des deux lieux aux extrémités de la base.

D'une manière analogue un parallélogramme se transforme en un autre ayant la même base et un angle donné.

Problème 3. *Transformer un triangle en un autre qui ait une base donnée et un angle adjacent commun avec le premier.*

Construction. Soit ABC le triangle donné, AD la nouvelle base. En joignant D au sommet C, on forme le triangle BCD. On transformera ce dernier en un autre (probl. 1) qui ait la même base CD et son sommet sur le côté AC ou sur le prolongement de ce côté, suivant que $AD >$ ou $< AB$. ADE sera le triangle demandé.

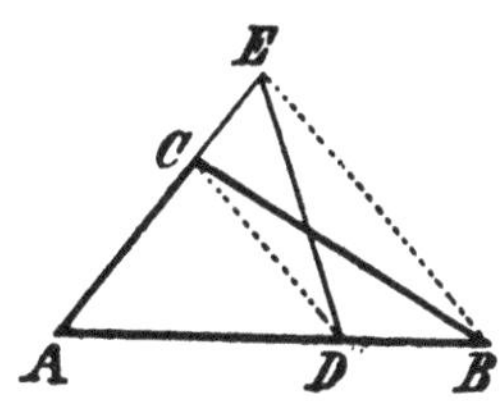

En effet, on a $\triangle BCD = ECD$ (n° 126); donc si l'on ajoute de part et d'autre le triangle ACD, on voit que $\triangle ABC = ADE$.

Problème 4. *Transformer un polygone en un autre ayant un côté de moins.*

Construction. On mène une diagonale de manière à détacher du polygone un triangle, et l'on transforme ce dernier en un autre qui ait la diagonale pour base et son sommet sur le prolongement d'un côté adjacent du polygone.

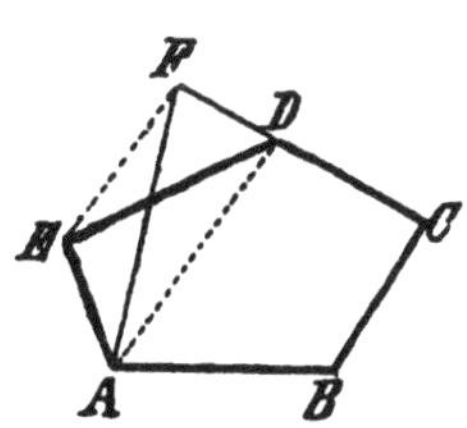

Remarque. En répétant la construction un nombre suffisant de fois, on peut transformer tout polygone en un triangle.

Problème 5. *Transformer un triangle en un parallélogramme.*

Construction. On divise la base du triangle en deux parties égales, et construit un parallélogramme ayant pour base l'une des moitiés et pour hauteur celle du triangle (n° 125, cor.).

Remarque. Par cette construction on peut transformer un triangle en un rectangle.

128. Problèmes. 1. *Partager un triangle en un nombre donné de parties équivalentes par des droites issues d'un sommet.*

Construction. On partage le côté opposé dans le nombre donné de parties égales (n° 86), et l'on joint les points de division au sommet (n° 126).

2. *Partager un parallélogramme en un nombre donné de parties équivalentes par des droites parallèles à deux côtés opposés.*

Construction. On partage l'un des deux autres côtés dans le nombre donné de parties égales, et l'on mène par les points de division les parallèles aux premiers côtés. Au lieu d'un côté du parallélogramme, on peut aussi partager sa hauteur.

129. Théorème. *Si, par un point d'une diagonale d'un parallélogramme, on mène deux parallèles aux côtés, les deux petits parallélogrammes que la diagonale ne traverse pas sont équivalents.*

On a donné à ces parallélogrammes le nom de *compléments.*

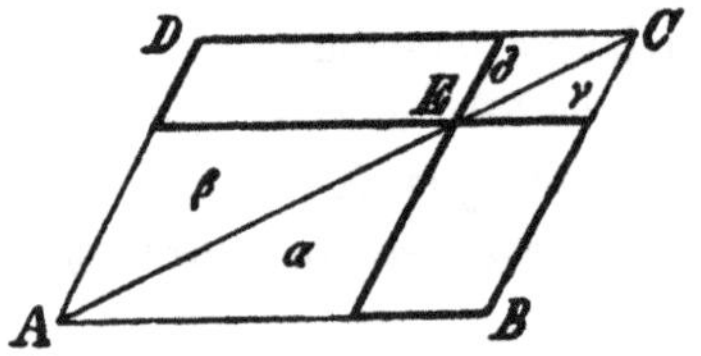

Démonstration. Chacun des trois parallélogrammes AC, AE, CE est décomposé par la diagonale en deux parties équivalentes (n° 78, 2). Si l'on retranche d'une part les triangles α et γ du triangle ABC, d'autre part les triangles β et δ du triangle ADC, les restes, à savoir les parallélogrammes BE, DE, seront équivalents (n° 122, cor. 2).

Remarques. 1. Dans le cas d'un carré, les deux parallélogrammes en question sont des rectangles égaux, tandis que les deux autres sont aussi des carrés.

2. Le théorème présent fournit le moyen pour *transformer un parallélogramme en un autre qui ait une base donnée et dont les angles soient égaux à ceux du premier.* Car si l'on regarde le parallélogramme DE comme donné et qu'on

prolonge sa base supérieure d'une longueur égale à la base donnée jusqu'en C, on peut compléter la figure en achevant successivement les triangles δ, β, ABC, γ, α. BE sera le parallélogramme demandé.

130. Théorèmes. 1. *Le carré construit sur la somme de deux segments de droite est équivalent à la somme des carrés construits sur les deux segments, augmentée de leur double rectangle.*

Si nous désignons par $a.b$ le rectangle construit avec les segments a et b, et par a^2 le carré construit sur a, nous avons à prouver que

$$(a+b)^2 = a^2+b^2+2a.b.$$

Démonstration. Soit $CD=a$, $DE=b$; donc $CE=a+b$. Construisons sur CE le carré $CEFG$, traçons la diagonale CF, menons aux côtés les deux parallèles DI et KL, l'une par D, l'autre par H. On voit aisément que les quatre parties dont se compose le carré représentent respectivement a^2, b^2, $a.b$ et $a.b$ (no 129, rem. 1). Donc $(a+b)^2=a^2+b^2+2a.b$.

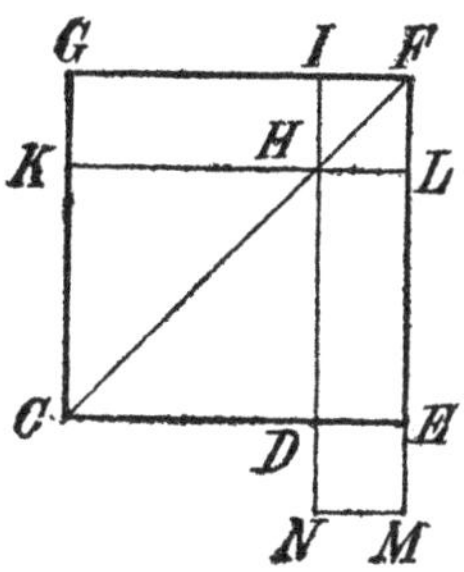

Remarque. Le carré construit sur $2a$ équivaut à 4 fois le carré construit sur a.

2. *Le carré construit sur la différence de deux segments de droite est équivalent à la somme des carrés construits sur les deux segments, diminuée de leur double rectangle.*

$$(a-b)^2 = a^2+b^2-2a.b.$$

Démonstration. Posons dans la figure précédente $CE=a$, $DE=b$; d'où résulte $CD=a-b$. Construisons encore sur DE le carré $DEMN$ au-dessous de ce segment. Alors a^2 est représenté par $CEFG$, b^2 par $DEMN$, $a.b$ par $FGKL$ et par $LMNH$. Les deux carrés forment un hexagone concave, et si l'on retranche de cet hexagone les deux rectangles indiqués, il reste le carré construit sur $a-b$. Donc

$$(a-b)^2 = a^2+b^2-2a.b.$$

131. Définition. On appelle *projection* d'un point sur une droite indéfinie le pied de la perpendiculaire abaissée du point sur cette droite.

On appelle *projection* d'une droite finie sur une droite indéfinie la distance des projections de ses extrémités.

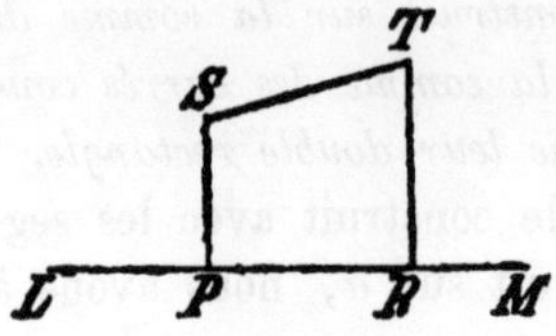

Ainsi le point P est la projection du point S sur LM, PR celle de ST sur la même droite. Dans la figure suivante D est la projection de C sur AB. La projection d'un point, tel que A, qui est sur la ligne de projection AB, est ce point lui-même, de sorte que AD et BD sont respectivement les projections des côtés AC et BC sur AB.

132. Théorème. *Le carré construit sur un côté de l'angle droit d'un triangle rectangle est équivalent au rectangle construit avec l'hypoténuse et la projection de ce côté sur l'hypoténuse.*

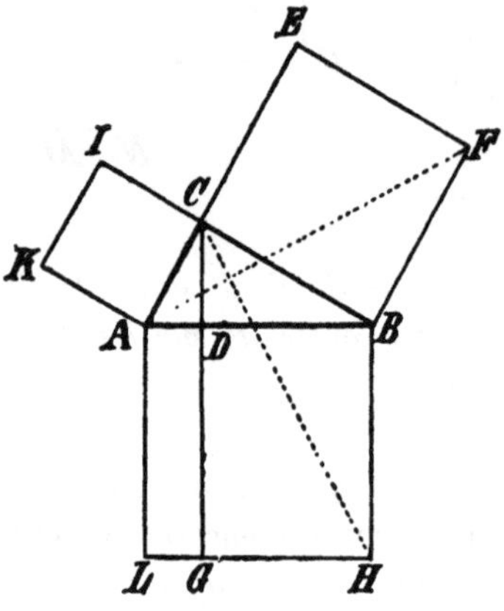

Hypothèse. $\angle ACB = 1^{dr}$, $CD \perp AB$.

Conclusion. $\overline{BC}^2 = AB.BD$.

Démonstration. Soient $BCEF$ le carré construit sur BC, $BDGH$ le rectangle construit avec BD et $BH = BA$. En menant AF et CH, on forme les triangles ABF, HBC, qui sont égaux (I) parce que $AB = HB$, $BF = BC$,

$$\angle ABF = HBC,$$

tous deux étant formés d'un angle droit et de l'angle ABC. Le triangle ABF et le carré $BCEF$ ont la base commune BF et même hauteur, comme étant situés entre les mêmes parallèles; donc $\triangle ABF = \frac{1}{2} BCEF$ (nº 125). De même, $\triangle HBC = \frac{1}{2} BDGH$. Il s'ensuit que le carré $BCEF$, double du premier triangle, est équivalent au rectangle $BDGH$, double du second.

133. Théorème de Pythagore. *Le carré construit sur l'hypoténuse d'un triangle rectangle est équivalent à la somme des carrés construits sur les côtés de l'angle droit.*

Hypothèse. $\angle ACB = 1^{dr}$. (Fig. préc.)
Conclusion. $AB^2 = AC^2 + BC^2$.

Démonstration 1re. La perpendiculaire *CDG* partage le carré construit sur l'hypoténuse en deux rectangles respectivement équivalents aux carrés construits sur les côtés de l'angle droit (n° 132); donc le premier carré, somme des deux rectangles, est équivalent à la somme des deux autres carrés.

Démonstration 2e. Sur l'hypoténuse *AB* construisons le carré *ABA'D* du même côté que le triangle *ABC*, et abaissons la perpendiculaire *DE* sur *AC*. Le triangle *ADE* ainsi obtenu est égal au triangle donné (deuxième cas d'égalité). Si du carré nous retranchons les deux triangles, pour les placer sur les deux autres côtés du carré, le premier *BAC* en *BA'C'*, le deuxième *DAE* en *DA'E'*, nous formerons une figure qui est précisément la somme des carrés construits sur les deux côtés de l'angle droit.

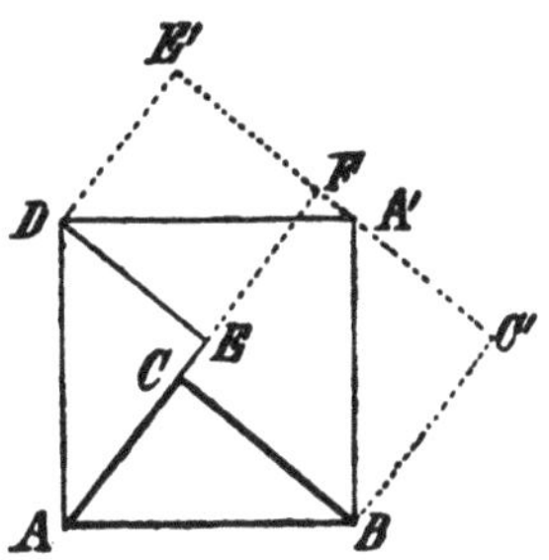

Corollaires. 1. *Dans tout triangle rectangle, le carré construit sur un côté de l'angle droit est équivalent à la différence des carrés construits sur l'hypoténuse et sur l'autre côté.*

2. *Le carré construit sur la diagonale d'un carré est double de celui-ci.*

134. Théorème. *Le carré construit sur un côté d'un triangle quelconque est équivalent à la somme des carrés construits sur les deux autres côtés,* moins *ou* plus *deux fois le rectangle construit avec l'un de ces côtés et la projection du second sur le premier, suivant que le côté considéré est opposé à un angle* aigu *ou* obtus.

1° *Hypothèse.* $\angle BAC < 1^{dr}$, $CD \perp AB$.
Conclusion. $BC^2 = AB^2 + AC^2 - 2AB.AD$.

Démonstration. *BC* est l'hypoténuse du triangle rectangle *BCD*, donc (n° 133)

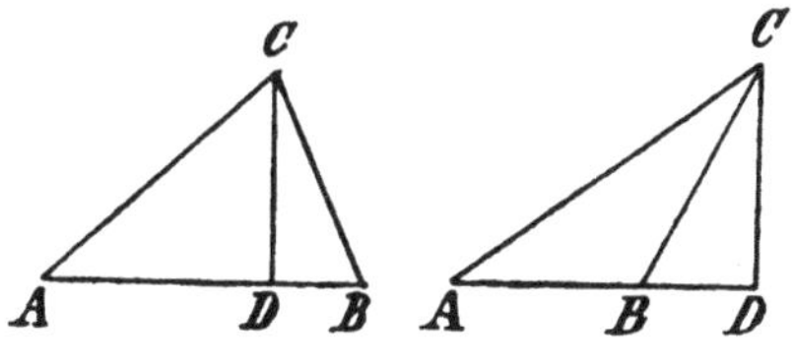

$$BC^2 = BD^2 + CD^2.$$

Si la perpendiculaire tombe à l'intérieur du triangle, on a $BD = AB - AD$; si elle tombe à l'extérieur, on a $BD = AD - AB$. Mais dans l'un et l'autre cas, on a (n° 130, 2)

$$BD^2 = AB^2 + AD^2 - 2AB.AD.$$

D'ailleurs le triangle rectangle ACD donne (n° 133, cor. 1)

$$CD^2 = AC^2 - AD^2.$$

Si l'on substitue ces deux valeurs dans l'expression de BC^2, on trouve

$$\begin{aligned} BC^2 &= AB^2 + AD^2 - 2AB.AD + AC^2 - AD^2 \\ &= AB^2 + AC^2 - 2AB.AD. \end{aligned}$$

2° *Hypothèse.* $\angle BAC > 1^{dr}$, $CD \perp AB$.

Conclusion. $BC^2 = AB^2 + AC^2 + 2AB.AD$.

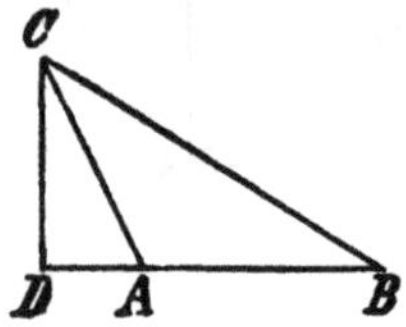

Démonstration. Le triangle rectangle BCD donne (n° 133)

$$BC^2 = BD^2 + CD^2.$$

La perpendiculaire CD tombe nécessairement en dehors du triangle ABC, de sorte qu'on a $BD = AB + AD$, et (n° 130, 1)

$$BD^2 = AB^2 + AD^2 + 2AB.AD.$$

D'ailleurs $CD^2 = AC^2 - AD^2$. En substituant et réduisant, on trouve

$$BC^2 = AB^2 + AC^2 + 2AB.AD.$$

Remarque. Le théorème de Pythagore peut être considéré comme un cas particulier du théorème présent; aussi appelle-t-on ce dernier le *théorème de Pythagore généralisé.*

135. Théorème. (*Réciproque des nos 133 et 134.*) *Un angle d'un triangle est aigu, droit ou obtus, suivant que le carré construit sur le côté opposé est inférieur, égal ou supérieur à la somme des carrés construits sur les deux autres côtés.*

La démonstration repose sur le principe du n° 53.

Ainsi lorsqu'on connaît les trois côtés d'un triangle, on peut aisément juger de la nature de chacun de ses angles. Il suffit pour cela de porter les deux plus petits côtés sur les côtés d'un angle droit, et de comparer le troisième côté avec l'hypoténuse du triangle rectangle ainsi formé.

136. Problèmes. 1. *Faire un carré équivalent à la somme de deux carrés donnés.*

On construira un triangle rectangle avec les côtés des carrés donnés comme côtés de l'angle droit. L'hypoténuse sera le côté du carré demandé (n° 133).

2. *Faire un carré équivalent à la différence de deux carrés donnés.*

On construira un triangle rectangle ayant le côté du plus grand carré pour hypoténuse et le côté du plus petit carré pour côté de l'angle droit. Le second côté de l'angle droit sera le côté du carré demandé (n° 133, cor. 1).

En appliquant plusieurs fois ces problèmes, on peut faire l'addition et la soustraction d'autant de carrés qu'on voudra.

137. Problème. *Transformer un rectangle en un carré.*

Construction. Soit $ABCD$ le rectangle donné. Sur le plus grand CD de ses côtés décrivons une demi-circonférence; sur le même côté, à partir d'une extrémité, prenons une longueur CE égale au plus petit côté CB; élevons en E la perpendiculaire sur CD, qui rencontre la demi-circonférence en F, et menons CF. La corde CF sera le côté du carré demandé.

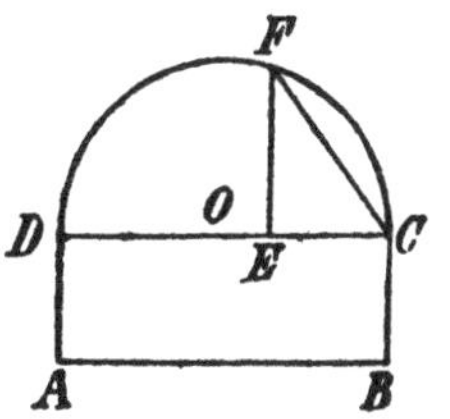

Démonstration. Si l'on mène DF, l'angle DFC, inscrit dans un demi-cercle, est droit (n° 109, 4). CD est donc l'hypoténuse d'un triangle rectangle, et CE la projection de CF sur CD. Par conséquent $CF^2 = CD.CE$ ou $CD.CB$ (n° 132).

Scolie. A l'aide de cette construction et des problèmes 4 et 5 du n° 127, *on peut transformer toute figure rectiligne en un carré,* car ces trois problèmes apprennent à transformer le polygone donné d'abord en un triangle, puis en un rectangle, enfin en un carré.

Chapitre VII.
Des lignes proportionnelles.

§ 1. Transversales parallèles.

138. Définition. On dit que plusieurs grandeurs sont *proportionnelles* à d'autres grandeurs (de même espèce), lorsque le rapport d'une grandeur de la première série à la grandeur correspondante de la seconde est constant.

Ainsi les trois segments a, b, c d'une droite seront proportionnels aux segments a', b', c' d'une autre, si l'on a la suite de rapports égaux

$$\frac{a}{a'} = \frac{b}{b'} = \frac{c}{c'}.$$

139. Théorème. *Si deux droites quelconques sont coupées par une série de parallèles, le rapport de deux segments quelconques de la première droite est égal au rapport des segments correspondants de la seconde.*

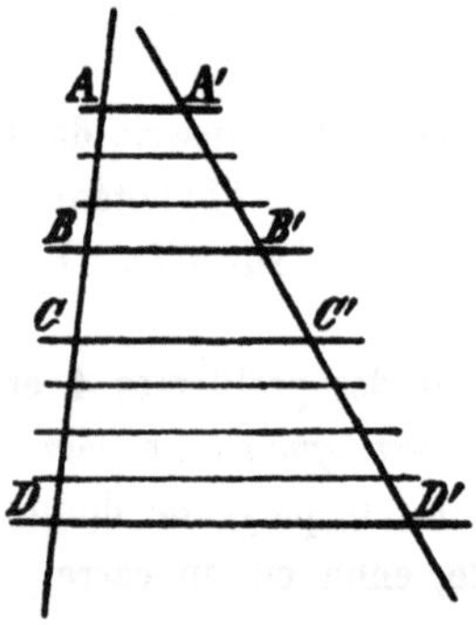

Hypothèse. $AA' \parallel BB' \parallel CC' \parallel DD'$.

Conclusion. $AB : CD = A'B' : C'D'$.

Démonstration. Supposons en premier lieu que les segments AB et CD soient commensurables (*Alg.* n° 85), c'est-à-dire qu'ils aient une commune mesure, et que celle-ci soit contenue p fois dans AB et q fois dans CD. Il en résulte (*Alg.* n° 86) que le rapport de AB à CD est égal à $\frac{p}{q}$. Portons la commune mesure sur AB et CD, et menons par tous les points de division les parallèles aux transversales données. Elles diviseront $A'B'$ en p, $C'D'$ en q parties toutes égales entre elles (n° 85). De là résulte que le rapport de $A'B'$ à $C'D'$ est aussi égal à $\frac{p}{q}$. Donc enfin $AB : CD = A'B' : C'D'$.

Si, en second lieu, les segments AB et CD sont incommensurables, pour établir l'égalité des deux rapports, nous ferons voir qu'ils sont compris tous deux entre les mêmes nombres rationnels dont la différence peut devenir aussi petite qu'on voudra. A cet effet divisons CD en n parties égales et portons une de ces parties sur AB autant de fois qu'il est possible. Cette partie, quelque petite qu'elle soit, ne sera pas contenue un nombre exact de fois dans AB, mais l'extrémité B sera toujours comprise entre deux points de division consécutifs. Si nous supposons que ce soit le $k^{ième}$ et le $(k+1)^{ième}$ point, nous aurons

$$AB > k \cdot \frac{1}{n} CD \quad \text{et} \quad < (k+1) \cdot \frac{1}{n} CD.$$

De là résulte que le rapport $\frac{AB}{CD}$ est compris entre $\frac{k}{n}$ et $\frac{k+1}{n}$.

Cela posé, traçons les parallèles à AA' par tous les points de division indiqués. Il est évident que ces parallèles diviseront $C'D'$ en n parties égales, et que le point B' tombera entre les mêmes parallèles que le point B. Donc

$$A'B' > k \cdot \frac{1}{n} C'D' \quad \text{et} \quad < (k+1) \cdot \frac{1}{n} C'D',$$

d'où l'on conclut que le rapport de $A'B'$ à $C'D'$ est compris entre les mêmes deux nombres que le premier rapport. Puisqu'il en est toujours ainsi, quelque grand que l'on prenne le nombre n des parties, et que la différence $\frac{1}{n}$ des limites communes devient aussi petite qu'on veut pour n assez grand, il s'ensuit que les deux rapports irrationnels sont égaux.

Corollaire. *Deux droites quelconques sont coupées en segments proportionnels par une série de parallèles.*

$$\frac{AB}{A'B'} = \frac{BC}{B'C'} = \frac{CD}{C'D'} = \frac{AC}{A'C'} = \text{etc.}$$

Car si l'on échange les moyens, par exemple dans la proportion démontrée plus haut $\frac{AB}{CD} = \frac{A'B'}{C'D'}$, on obtient

$$\frac{AB}{A'B'} = \frac{CD}{C'D'}.$$

140. Théorème. *Si deux droites concourantes sont coupées par deux parallèles,*

1° *deux segments quelconques de la première droite sont entre eux comme les segments correspondants de la seconde;*

2° *les deux parallèles (limitées par les deux droites) sont entre elles comme les segments centraux correspondants de l'une des droites.*

Par ***segment central*** **on entend un segment compté à partir du point de concours ou centre des deux droites jusqu'à la parallèle respective. V. n° 142.**

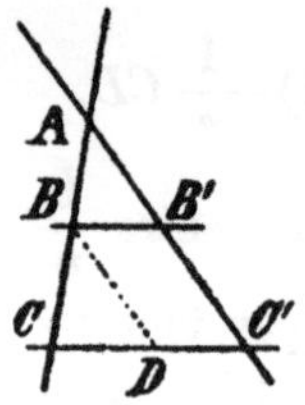

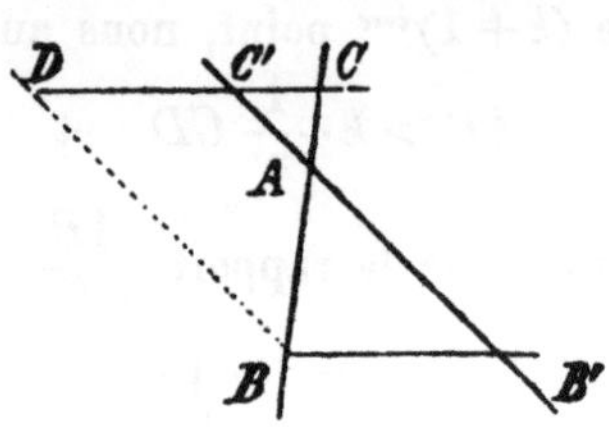

Hypothèse. $BB' \parallel CC'$.

Conclusion. 1° $AB : BC = AB' : B'C'$,

$$AC : AB = AC' : AB',$$
$$AC : BC = AC' : B'C';$$

2° $BB' : CC' = AB : AC$.

Démonstration. 1° En imaginant encore la parallèle par A, on voit que A est un point de division commun aux deux droites et que chacune des trois proportions résulte immédiatement du théorème précédent.

Du reste, l'une quelconque de ces proportions entraîne les deux autres d'après le théorème de l'addition correspondante (*Alg.* n° 96).

2° Menons $BD \parallel AC'$. Ces deux parallèles déterminent des segments proportionnels sur les deux droites CA et CC', de sorte qu'on a $DC' : CC' = AB : AC$. Mais les droites BB', DC' sont égales, comme parallèles comprises entre parallèles; donc

$$BB' : CC' = AB : AC.$$

Remarques. 1. Le théorème subsiste lorsque les deux transversales parallèles se trouvent de part et d'autre du point de concours des deux droites.

2. Chacune des quatre proportions peut être écrite de huit manières différentes. (*Alg.* n° 94.)

141. Théorème. *(Réciproque de la 1re partie du précédent.) Deux transversales qui coupent deux droites concourantes sont parallèles, si deux segments quelconques de la première droite sont entre eux comme les segments correspondants de la seconde.*

Démonstration. On peut prendre pour hypothèse l'une quelconque des trois proportions ci-dessus, par exemple la 2e:

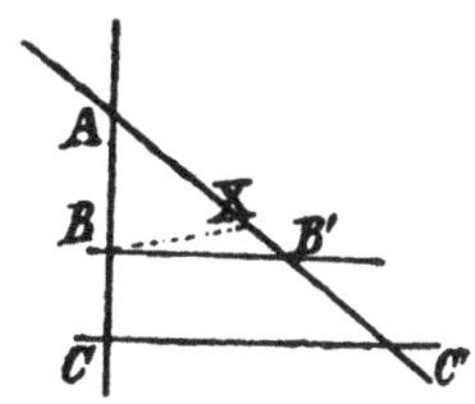

$$AC : AB = AC' : AB'.$$

Pour prouver que les deux transversales BB', CC' sont parallèles, supposons qu'elles ne le soient pas. On pourrait alors mener $BX \parallel CC'$, et l'on aurait par le théorème direct

$$AC : AB = AC' : AX.$$

Mais si dans deux proportions trois termes homologues sont égaux chacun à chacun, les quatrièmes termes sont aussi égaux (*Alg.* n° 93, 4). On aurait donc $AB' = AX$, ce qui est impossible. Donc BB' est parallèle à CC'.

Remarque. Cette réciproque n'est vraie que quand la position relative des deux segments de la première droite est la même que celle des deux segments de la seconde.

142. Définition. On appelle *faisceau* une série de droites passant toutes par un même point. Ce point est nommé le *centre*, et les droites les *rayons* du faisceau.

143. Théorème. *Si un faisceau est coupé par deux transversales parallèles, les segments de la première parallèle sont proportionnels aux segments correspondants de la seconde.*

Hypothèse. AA', BB', CC', DD' passent par un même point; $AD \parallel A'D'$.

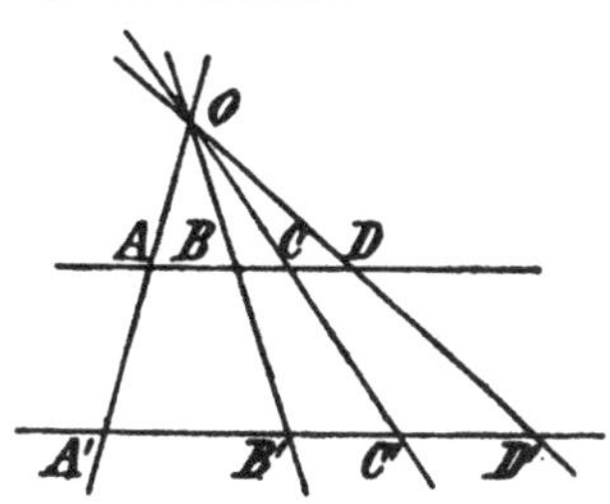

Concl. $\dfrac{AB}{A'B'} = \dfrac{BC}{B'C'} = \dfrac{CD}{C'D'}$.

Démonstration. Par le théorème n° 140, les deux rayons OA et OB du faisceau interceptent sur les parallèles deux segments dont le rapport égale celui des segments centraux correspondants d'un rayon. On a donc la proportion $AB : A'B' = OB : OB'$. Pareillement, les deux rayons OB et OC donnent $BC : B'C' = OB : OB'$. Donc $AB : A'B' = BC : B'C'$. On démontrera de la même manière que le deuxième rapport est égal au troisième.

Les parallèles peuvent couper le faisceau d'un même côté de son centre, ou de part et d'autre de ce point.

Corollaire. Cette proposition donne lieu à deux réciproques, dont l'une s'énonce comme suit:

Si trois droites déterminent sur deux parallèles des segments proportionnels, ces droites concourent en un même point, ou elles sont parallèles.

Cela se démontre par la réduction à l'absurde (n° 3).

144. Problème. *Construire la quatrième proportionnelle à trois longueurs données a, b, c.*

Cela veut dire: Construire le quatrième terme x d'une proportion dont a, b, c sont les trois premiers termes.

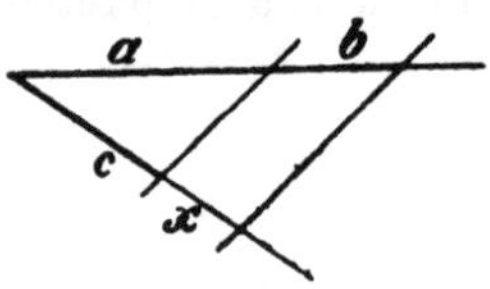

Construction. Sur l'un des côtés d'un angle, on prend, à partir du sommet et à la suite l'un de l'autre, deux segments respectivement égaux à a et à b, puis sur l'autre côté un segment égal à c. On joint les extrémités du premier et du troisième segment par une droite et mène la parallèle à celle-ci par l'extrémité du deuxième segment. La quatrième proportionnelle cherchée sera comprise entre les deux parallèles.

La démonstration repose sur le n° 140.

Remarques. 1. On pourrait aussi prendre les deux premiers segments l'un et l'autre à partir du sommet de l'angle. La quatrième proportionnelle serait alors comprise entre la parallèle et le sommet.

Une troisième construction résulte du théorème n° 143: Sur l'une de deux parallèles, on porte les segments a et b bout à bout, et sur l'autre le segment c. On joint les extrémités de a et de

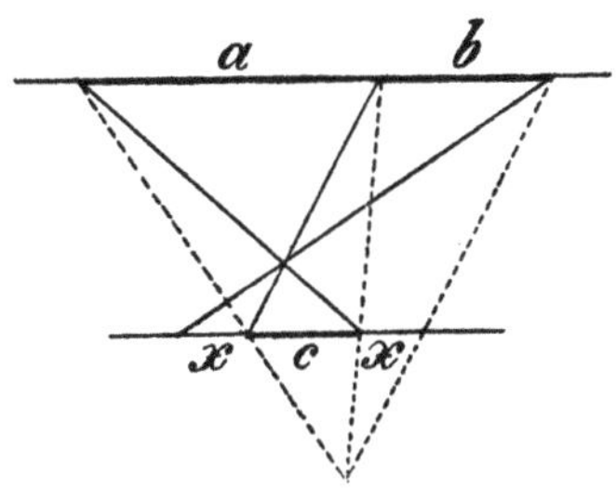

c par deux droites et joint leur point de rencontre à l'extrémité de b. La quatrième proportionnelle sera sur la deuxième parallèle, entre les mêmes deux rayons du faisceau que b.

2. Le problème de *construire la troisième proportionnelle à deux longueurs données a et b* revient au problème précédent, si l'on fait c égal à b.

145. Problème. *Diviser une portion de droite donnée en segments proportionnels à des longueurs données.*

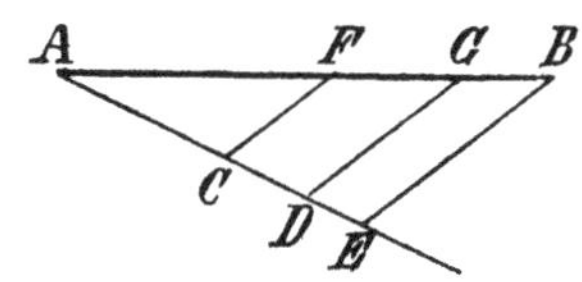

Construction. Pour diviser AB en trois segments qui soient dans le rapport des longueurs p, q, r, on trace une droite quelconque par A. Sur cette droite on porte les longueurs données à la suite les unes des autres; soit $AC = p$, $CD = q$, $DE = r$. On joint le dernier point E à B, et par les points C et D on mène CF, DG parallèles à BE. Ces parallèles diviseront AB proportionnellement aux longueurs données.

Démonstration. On a $\frac{AF}{AC} = \frac{FG}{CD} = \frac{GB}{DE}$ (n° 139, cor.).
Mais $AC = p$, $CD = q$, $DE = r$ par construction, donc

$$\frac{AF}{p} = \frac{FG}{q} = \frac{GB}{r}.$$

Lorsque le rapport des segments est donné au moyen de nombres entiers, on peut ramener la construction à la précédente en représentant les nombres par des longueurs. Pour cela on prend une longueur arbitraire pour unité, et on la porte sur une ligne droite autant de fois que l'indiquent les nombres.

146. Définitions. On dit qu'une portion de droite AB est *divisée* en deux *segments* par tout point pris sur sa direction, que ce point se trouve sur AB même, ou sur un de ses prolongements. Les deux segments de AB sont les distances du point de division aux extrémités A et B.

Lorsque le point de division (C) est situé entre A et B, on dit qu'il divise AB *intérieurement* et que les segments (CA et CB) sont *additifs;* lorsque le point de division (D) est situé en dehors de AB, on dit qu'il divise AB *extérieurement* et que les segments (DA et DB) sont *soustractifs*.

Diviser AB *dans un rapport donné* $p:q$, c'est déterminer un point X, tel que le segment XA soit au segment XB comme p est à q.

C'est à partir de l'extrémité A que l'on compte celui des segments qui doit correspondre à p. La figure présente la portion de droite AB divisée dans le rapport de 5 à 3 par les deux points C et D. Mais l'extrémité du troisième huitième de AB, à partir de A, divise AB dans le rapport inverse 3:5.

147. Problème. *Construire les points qui divisent une portion de droite dans le rapport de deux longueurs données p et q.*

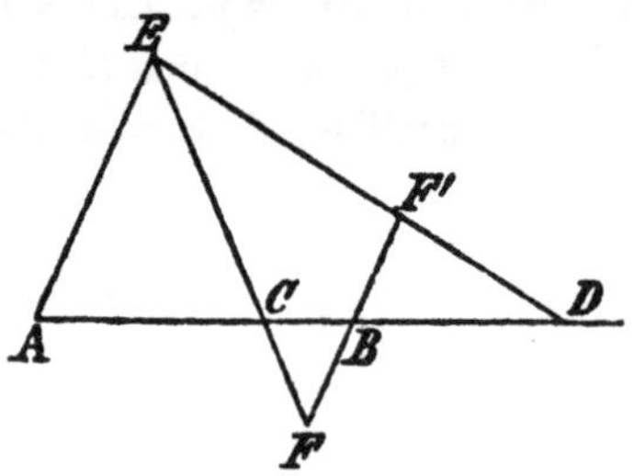

Construction. Soit AB la portion de droite qu'on veut diviser dans le rapport $p:q$ à partir de l'extrémité A. On mène par A une droite quelconque AE égale à p, et par l'autre extrémité B une parallèle à AE, sur laquelle on prend, de part et d'autre de B, les longueurs BF et BF' égales à q. Les droites EF, EF' rencontrent AB et son prolongement aux points C et D, qui sont les points de division cherchés.

Démonstration. Les deux droites AB, EF, coupées par les deux parallèles AE, BF donnent la proportion (n° 140)

$$CA:CB = AE:BF, \quad \text{d'où} \quad CA:CB = p:q.$$

Pareillement, les deux droites AB, EF', coupées par les deux parallèles AE, BF', donnent la proportion

$$DA:DB = AE:BF', \quad \text{d'où} \quad DA:DB = p:q.$$

148. Corollaire. *Il existe toujours deux points, et seulement deux, qui divisent une portion de droite AB dans un rapport donné. Ces deux points sont situés d'un même côté du milieu de AB, l'un entre A et B, l'autre en dehors. Si le rapport devient égal à 1, le point intérieur se confond avec le milieu de AB, tandis que le point extérieur s'éloigne à l'infini.*

En effet, s'il existait deux points intérieurs C et C' tels qu'on eût

$$\frac{CA}{CB}=\frac{p}{q}, \quad \frac{C'A}{C'B}=\frac{p}{q},$$

il en résulterait (*Alg.* n° 96)

$$\frac{AB}{CA}=\frac{p+q}{p}, \quad \frac{AB}{C'A}=\frac{p+q}{p}.$$

On aurait donc $CA=C'A$, ce qui est impossible. On arriverait également à un résultat absurde, si l'on supposait l'existence de deux points de division extérieurs.

Scolie. Lorsqu'un point mobile M parcourt la droite indéfinie qui contient les deux points fixes A et B, à toute position de M correspond une seule valeur du rapport $MA:MB$, mais à toute valeur de ce rapport correspondent deux positions différentes de M.

Soit I le milieu de AB, A étant à gauche de B, et supposons que le point M se meuve de gauche à droite.

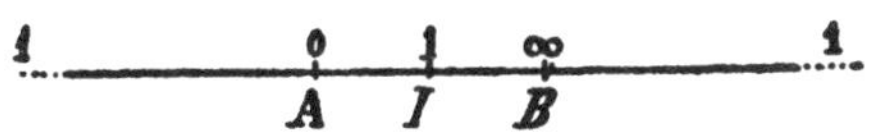

A gauche de A, le rapport $MA:MB$ décroît de 1 à 0;
de A en I, ... croît de 0 à 1;
de I en B, ... croît de 1 à ∞;
à droite de B, ... décroît de ∞ à 1.

Ainsi le rapport prend deux fois à gauche de I toutes les valeurs plus petites que 1, et deux fois à droite de I toutes les valeurs plus grandes que 1.

149. Définitions. Une portion de droite AB est dite divisée *harmoniquement* par deux points C et D, lorsque ces points la divisent dans le même rapport, c'est-à-dire si l'on a

$$CA : CB = DA : DB.$$

De cette proportion on déduit la suivante:

$$AC : AD = BC : BD;$$

donc, si AB est divisée harmoniquement par les points C et D, réciproquement CD est divisée harmoniquement par les points A et B.

On donne aux quatre points A, B, C, D le nom de *points harmoniques.* Les deux points C et D sont nommés *conjugués harmoniques* par rapport à AB; de même, les deux points A et B sont conjugués harmoniques par rapport à CD.

Un *faisceau harmonique* est un faisceau de quatre droites qui passent par quatre points harmoniques.

Remarque. Si trois points sont donnés sur une droite, le quatrième point harmonique, conjugué de l'un des trois, est complètement déterminé (n° 147).

150. Théorème. *Dans tout triangle la bissectrice d'un angle, ainsi que celle d'un angle extérieur, divise le côté opposé dans le rapport des côtés adjacents.*

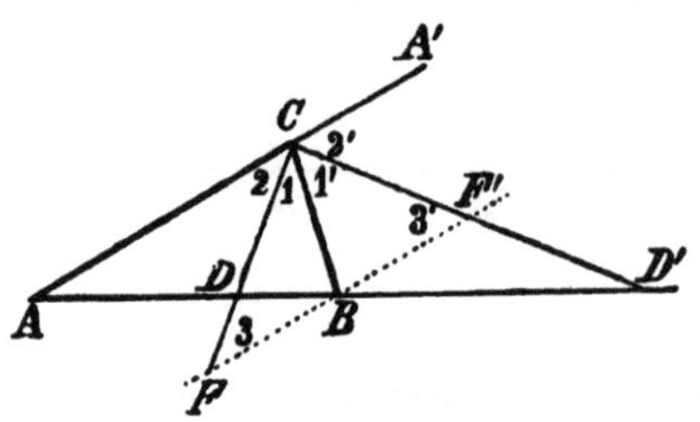

1° *Hypothèse.*

$$\angle ACD = BCD.$$

Conclusion.

$$DA : DB = CA : CB.$$

Démonstration. Menons par B la parallèle au côté AC, soit F son point de rencontre avec la bissectrice CD. Les deux droites AB et CF, coupées par ces parallèles, donnent $DA : DB = CA : FB$ (n° 140). En comparant cette proportion à celle qu'il faut démontrer, nous voyons que tout revient à montrer que $FB = CB$. Or $\angle 1 = \angle 2$ par hypothèse, et ce dernier égale $\angle 3$ (n° 29), donc les angles 1 et 3 sont égaux entre eux, d'où $FB = CB$.

2° Pour la bissectrice extérieure CD', la démonstration est absolument la même, pourvu qu'on remplace les lettres A, D, F

par les mêmes lettres accentuées. On aura la proportion

$$D'A : D'B = CA : CB.$$

Corollaire. *Dans tout triangle, la bissectrice d'un angle et celle de l'angle extérieur adjacent divisent harmoniquement le côté opposé.*

$$DA : DB = D'A : D'B.$$

151. Théorème. *(Réciproque du précédent.) Si une droite, issue d'un sommet d'un triangle, divise le côté opposé dans le rapport des côtés adjacents, elle est bissectrice de l'un des angles formés par ces côtés.*

Démonstration. Supposons (fig. du n° 150) que les segments additifs de AB, déterminés par D, soient proportionnels aux côtés adjacents, de sorte qu'on ait la proportion $DA : DB = CA : CB$; il s'agit de prouver que CD est bissectrice de l'angle ACB. En effet, il n'existe, entre A et B, qu'un seul point D qui divise AB, à partir de l'extrémité A, dans le rapport de CA à CB. Donc la bissectrice de l'angle C, qui par le théorème direct divise AB dans ce rapport, passera par D, et la droite CD se confondra avec la bissectrice.

On démontre d'une manière analogue que, si

$$D'A : D'B = CA : CB,$$

la droite CD' est bissectrice de l'angle $A'CB$.

152. Théorème d'Apollonius. *Le lieu géométrique d'un point dont les distances à deux points fixes ont un rapport donné, est la circonférence dont le diamètre est compris entre les deux points qui divisent la distance des points fixes dans le rapport donné.*

Démonstration. Soient (fig. du n° 150) A et B les points fixes, D et D' les deux conjugués harmoniques qui divisent AB dans le rapport donné $p : q$. On a donc les rapports égaux

$$\frac{DA}{DB} = \frac{D'A}{D'B} = \frac{p}{q}.$$

Pour établir le lieu en question, il faut d'abord montrer (n° 60) que tout point, par exemple C, de la circonférence de diamètre DD' satisfait à la proportion $CA : CB = p : q$. Dans ce but menons $FF' \parallel AC$. Ces deux parallèles coupent d'un côté les droites AB et CF, de l'autre les droites AB et CF'. Nous avons donc (n° 140)

$$\frac{DA}{DB} = \frac{CA}{BF}, \quad \frac{D'A}{D'B} = \frac{CA}{BF'}.$$

Il en résulte $BF = BF'$, et comme l'angle FCF' est droit comme inscrit dans un demi-cercle, $BF = BC$. Par suite $\angle 1 = \angle 3 = \angle 2$, ce qui fait voir que CD est bissectrice de l'angle ACB. Donc

$$\frac{CA}{CB} = \frac{DA}{DB} = \frac{p}{q}.$$

En second lieu, il faut montrer que tout point du lieu appartient à la circonférence de diamètre DD'. En effet, si C est un point quelconque du lieu, les droites CD et CD' sont bissectrices des angles ACB, $A'CB$ (n° 151), et par suite perpendiculaires entre elles (n° 65, rem.). Donc l'angle DCD' est droit, et tout point du lieu est situé sur la circonférence décrite sur DD' comme diamètre (n° 112).

153. Théorème. *Deux médianes d'un triangle se coupent dans le rapport de 2 à 1, à partir du sommet correspondant.*

On appelle *médiane* dans un triangle une ligne droite qui joint un sommet au milieu du côté opposé.

Hypothèse. $AE = EC$, $BD = DC$.

Conclusion. $AG : GD = BG : GE = 2 : 1$.

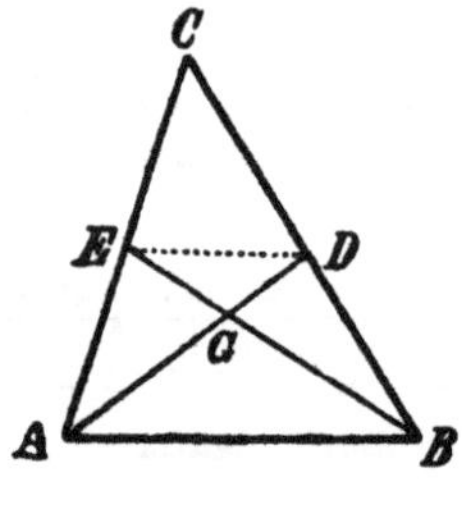

Démonstration. La droite ED, qui joint les milieux des côtés AC et BC, est parallèle à AB (n° 87 ou 141) et égale à la moitié de AB (n° 87 ou 140). En outre les médianes sont coupées par les deux parallèles AB, ED; donc on a (n° 140)

$$\frac{AG}{GD} = \frac{BG}{GE} = \frac{AB}{ED}.$$

Comme le dernier de ces trois rapports est égal à $\frac{2}{1}$, les deux premiers le sont aussi.

Corollaire. *Les trois médianes d'un triangle concourent en un même point.*

Car la troisième mediane doit aussi diviser la première AD dans le rapport de 2 à 1, à partir du sommet A; elle passera par conséquent par le même point G. (*Centre de gravité* du triangle.)

§ 2. Similitude des polygones.

154. Définitions. Deux polygones d'un même nombre de côtés sont dits *semblables* ($\sim$), lorsqu'ils ont les angles égaux chacun à chacun et les côtés homologues proportionnels.

On entend par côtés *homologues* ceux qui sont adjacents à des angles respectivement égaux.

Ainsi les deux quadrilatères $ABCD$, $A'B'C'D'$ sont semblables, si l'on a

$$\angle A = A',\quad B = B',\quad C = C',\quad D = D',$$
$$\frac{AB}{A'B'} = \frac{BC}{B'C'} = \frac{CD}{C'D'} = \frac{DA}{D'A'}.$$

Dans deux polygones semblables, le rapport constant de deux côtés homologues est appelé le *rapport de similitude* des deux figures.

Corollaire. *Deux polygones semblables à un troisième sont semblables entre eux.*

Remarque. On peut comparer deux figures par rapport à leur forme et à leur grandeur. Deux figures qui ont la même forme sont semblables; deux figures qui ont la même grandeur sont équivalentes; deux figures qui ont la même forme et la même grandeur, ou bien qui sont à la fois semblables ($\sim$) et équivalentes ($=$), sont égales ($\cong$).

Deux figures semblables deviennent égales lorsque leur rapport de similitude égale 1, en d'autres termes, lorsqu'un côté du premier est égal au côté homologue du second.

155. Théorème. *Une droite parallèle à l'un des côtés d'un triangle détermine un nouveau triangle semblable au premier.*

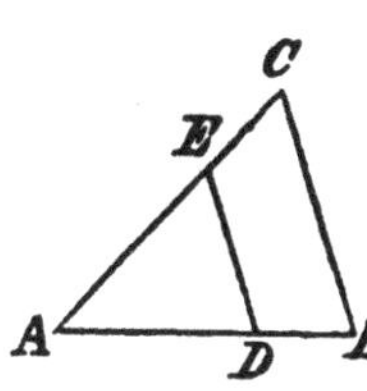

Démonstration. L'égalité des angles résulte du n° 29, celle des rapports $AB:AD$, $AC:AE$, $BC:DE$ est fondée sur le n° 140, 1° et 2°.

156. Théorème. *(1er cas de similitude.) Deux triangles sont semblables, lorsqu'ils ont un angle égal compris entre deux côtés proportionnels.*

Hypothèse. $\angle A = A'$,
$AB : A'B' = AC : A'C'$.

Conclusion. $\triangle ABC \sim A'B'C'$.

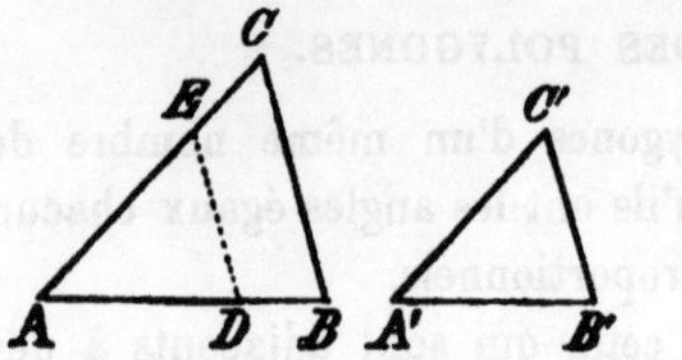

Démonstration. Prenons $AD = A'B'$ et menons $DE \parallel BC$. Alors le triangle ABC est semblable à ADE (n° 155); si nous démontrons que le triangle ADE est égal à $A'B'C'$, il s'ensuivra que le triangle ABC est semblable à $A'B'C'$. Or $AD = A'B'$ par construction, et $\angle A = A'$ par hypothèse. En outre

$$AB : AD = AC : AE$$

(n° 140); en comparant cette proportion à celle de l'hypothèse, nous voyons que trois termes homologues sont égaux chacun à chacun, et que par suite les quatrièmes AE, $A'C'$ le sont aussi. Ainsi $\triangle ADE \cong A'B'C'$ (I), donc $\triangle ABC \sim A'B'C'$.

157. Théorème. *(2e cas de similitude.) Deux triangles sont semblables, lorsqu'ils ont deux angles égaux chacun à chacun.*

Hypothèse. $\angle A = A'$, $B = B'$.

Conclusion. $\triangle ABC \sim A'B'C'$.

Démonstration. Prenons $AD = A'B'$ et menons $DE \parallel BC$. Alors $\triangle ABC \sim ADE$ (n° 155). Mais $AD = A'B'$, $\angle A = A'$, $\angle ADE = B = B'$, d'où résulte que $\triangle ADE \cong A'B'C'$ (II). Donc $\triangle ABC \sim A'B'C'$.

Corollaire. *Deux triangles qui ont les côtés parallèles, ou qui les ont perpendiculaires chacun à chacun, sont semblables.*

158. Théorème. *(3e cas de similitude.) Deux triangles sont semblables, lorsqu'ils ont les trois côtés proportionnels.*

Hypothèse. $AB : A'B' = AC : A'C' = BC : B'C'$.

Conclusion. $\triangle ABC \sim A'B'C'$.

Démonstration. Prenons $AD = A'B'$ et menons $DE \parallel BC$. Alors $\triangle ABC \sim ADE$. Il ne nous reste plus qu'à prouver que $\triangle ADE \cong A'B'C'$. Or, à cause des parallèles BC, DE, on a

la proportion (n° 140) $AB : AD = AC : AE$,
et par hypothèse $AB : A'B' = AC : A'C'$,
d'où $AE = A'C'$. Pareillement, $AB : AD = BC : DE$,
et par hypothèse $AB : A'B' = BC : B'C'$,
d'où $DE = B'C'$. Par conséquent les deux triangles sont égaux (III), donc $\triangle ABC \backsim A'B'C'$.

159. Théorème. *(4e cas de similitude.) Deux triangles sont semblables, lorsqu'ils ont deux côtés proportionnels et l'angle opposé au plus grand de ces côtés égal.*

Hypothèse. $AB : A'B' = AC : A'C'$, $AB > AC$, $\angle C = C'$.

Conclusion. $\triangle ABC \backsim A'B'C'$.

Démonstration. Prenons $AD = A'B'$ et menons $DE \parallel BC$. De là suit, comme dans la démonstration précédente, que $\triangle ABC \backsim ADE$ et que $AE = A'C'$. En outre $AD = A'B'$ et $\angle AED = C = C'$. Par conséquent $\triangle ADE \cong A'B'C'$ (IV), donc $\triangle ABC \backsim A'B'C'$.

Remarque. Ces quatre cas de similitude de deux triangles correspondent aux quatre cas d'égalité énoncés aux n°s 47 à 50.

160. Scolie. D'après la définition, deux triangles ABC, $A'B'C'$, pour être semblables, doivent satisfaire à cinq conditions, savoir

$$\angle A = A', \quad B = B', \quad C = C',$$
$$\frac{AB}{A'B'} = \frac{AC}{A'C'}, \quad \frac{AB}{A'B'} = \frac{BC}{B'C'}.$$

Les quatre théorèmes précédents font voir qu'en général deux de ces conditions suffisent pour la similitude des triangles. Par suite, dès qu'on aura reconnu la similitude de deux triangles par l'application de l'un de ces quatre cas, on en conclura immédiatement que les trois autres conditions sont aussi remplies. Ainsi les figures semblables peuvent être utilisées pour démontrer la proportionnalité de droites ou l'égalité d'angles.

Pour déterminer un système de triangles semblables, il suffit de deux données (angles ou rapports de côtés). Ainsi *la forme d'un triangle est déterminée quand on connaît*

1° *le rapport de deux côtés et l'angle compris;*

2° *deux angles;*

3° *le rapport des trois côtés;*

4° *le rapport de deux côtés et l'angle opposé au plus grand d'entre eux.*

La forme d'un triangle rectangle est déterminée par le rapport de deux côtés, ou par un angle aigu.

La forme d'un triangle isocèle est déterminée par le rapport de la base à un des côtés égaux, ou par un seul angle.

161. Théorèmes. 1. *Dans deux triangles semblables, les hauteurs homologues sont proportionnelles aux côtés homologues.*

Car les triangles partiels qu'elles déterminent sont semblables deux à deux, comme ayant leurs angles respectivement égaux.

Remarque. Une proportion analogue a lieu pour les médianes et bissectrices homologues de deux triangles semblables, de même que pour les rayons des cercles circonscrits et inscrits.

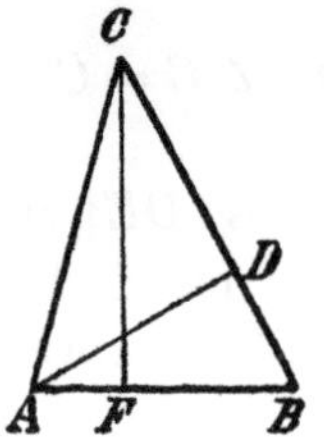

2. *Dans tout triangle, deux hauteurs sont inversement proportionnelles aux côtés correspondants.*

Car les triangles rectangles ABD, CBF sont semblables (nº 157), d'où

$$AD : CF = AB : CB.$$

162. Théorème. *Deux polygones sont semblables, lorsqu'ils sont composés d'un même nombre de triangles semblables chacun à chacun et semblablement disposés.*

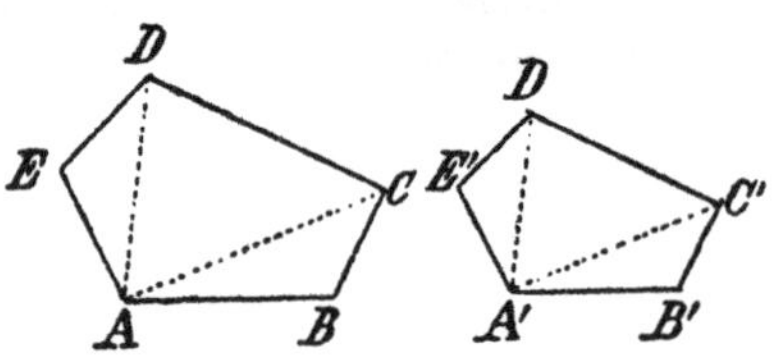

Démonstration. Dans les triangles semblables par hypothèse, les angles sont égaux chacun à chacun; de là suit que les angles des polygones sont égaux, soit directement, soit comme formés de parties égales. D'autre part, deux triangles consécutifs ayant un côté commun, la similitude des triangles donne cette suite de rapports égaux:

$$\frac{AB}{A'B'} = \frac{BC}{B'C'} = \frac{AC}{A'C'} = \frac{CD}{C'D'} = \frac{AD}{A'D'} = \frac{DE}{D'E'} = \frac{EA}{E'A'}.$$

De là résulte que les côtés des polygones sont proportionnels.

163. Théorème. *(Réciproque du précédent.) Deux polygones semblables peuvent être décomposés en un même nombre de triangles semblables chacun à chacun et semblablement disposés.*

Démonstration. Supposons que les polygones semblables soient décomposés en triangles par les diagonales issues des sommets homologues A et A' (fig. du n° 162). Les deux triangles ABC, $A'B'C'$ sont semblables comme ayant un angle égal compris entre deux côtés proportionnels (n° 156), car

$$\angle B = B' \quad \text{et} \quad AB : A'B' = BC : B'C'$$

par hypothèse. De la similitude de ces triangles résulte l'égalité des angles ACB, $A'C'B'$; si on les soustrait des angles égaux C et C' des polygones, les restes ACD, $A'C'D'$ sont aussi égaux. De la même similitude on déduit l'égalité des rapports $AC : A'C'$, $BC : B'C'$; mais le dernier rapport égale par hypothèse celui de CD à $C'D'$; donc $AC : A'C' = CD : C'D'$. Par suite $\triangle ACD \backsim A'C'D'$ (n° 156), et ainsi des autres triangles.

Corollaire. *Les diagonales homologues de deux polygones semblables sont proportionnelles aux côtés homologues.*

164. Définition. Deux points sont dits *homologues* par rapport à deux polygones semblables, lorsque, étant joints aux extrémités de deux côtés homologues, ils déterminent deux triangles semblables et semblablement disposés.

Deux droites sont dites *homologues*, lorsque leurs extrémités sont deux à deux des points homologues.

Remarque. Le théorème précédent et sa démonstration subsistent quand on prend pour centres de décomposition deux points homologues quelconques, intérieurs ou non aux polygones. On trouve ainsi les propositions:

Les droites qui joignent deux points homologues à tous les sommets de deux polygones semblables déterminent des triangles semblables chacun à chacun.

Dans deux polygones semblables, les droites homologues sont proportionnelles aux côtés homologues.

165. Théorème. *Les périmètres de deux polygones semblables sont proportionnels aux côtés homologues.*

Démonstration. On a par hypothèse les rapports égaux (fig. du n° 162)

$$\frac{AB}{A'B'} = \frac{BC}{B'C'} = \frac{CD}{C'D'} = \frac{DE}{D'E'} = \frac{EA}{E'A'}.$$

Donc (*Alg.* n° 89) la somme de leurs antécédents et la somme de leurs conséquents, c'est-à-dire les périmètres des polygones forment un rapport égal à chacun des précédents.

166. Problème. *Construire un polygone semblable à un polygone donné et ayant un côté donné.*

1re construction. Pour construire sur la longueur donnée m un triangle semblable au triangle donné ABC, cette longueur m étant considérée comme l'homologue de AB, il suffit de porter les angles A et B aux extrémités de m.

Pour construire sur m un polygone semblable à un polygone donné (fig. du n° 162), on décompose ce dernier en triangles par des diagonales issues d'un même sommet; puis on construit sur m une série de triangles semblables aux premiers et disposés de la même manière, en commençant par celui qui contient le côté homologue de m.

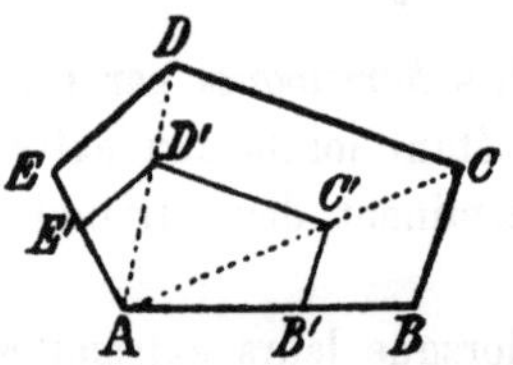

Pour simplifier cette solution, on peut porter m sur son côté homologue AB en AB' et mener $B'C' \parallel BC$, $C'D' \parallel CD$, $D'E' \parallel DE$.

2e construction. On choisit arbitrairement un point O, qu'on joint aux différents sommets du polygone $ABCDE$, puis on place la longueur m en $A'B'$, parallèlement à son côté homologue AB et entre les rayons correspondants OA et OB (ou entre leurs prolongements), ensuite on mène les droites $B'C'$, $C'D'$, $D'E'$ parallèles aux côtés correspondants du polygone, et on joint enfin les points E' et A'.

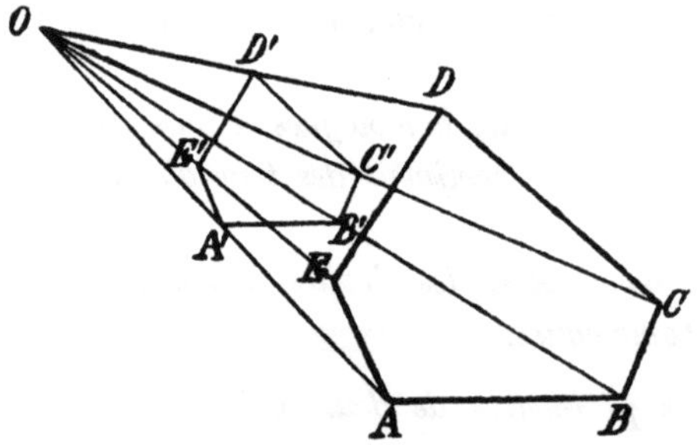

Il est facile de voir que les deux polygones ont les angles égaux et les côtés proportionnels.

167. Corollaire. Si l'on joint un point fixe O aux sommets d'un polygone $ABCDE$ et qu'on prenne sur ces droites ou sur leurs prolongements des longueurs proportionnelles aux distances OA, OB ..., on forme un second polygone semblable au premier. Les deux polygones sont placés de telle sorte que leurs côtés homologues sont parallèles.

Réciproquement, si les côtés homologues de deux polygones semblables sont parallèles, les droites menées par leurs sommets homologues concourent en un même point.

Définition. On dit que deux polygones semblables sont *semblablement placés* ou *homothétiques*, lorsque leurs côtés homologues sont parallèles. Le point de concours des droites qui joignent les sommets homologues s'appelle le *centre de similitude* des polygones; suivant qu'il se trouve entre deux sommets homologues ou au delà, il est nommé centre de similitude *interne* ou *externe*.

§ 3. Proportions dans le triangle rectangle et dans le cercle.

168. Théorème. *Si du sommet de l'angle droit d'un triangle rectangle on abaisse la perpendiculaire sur l'hypoténuse,*

1° *chaque côté de l'angle droit est moyenne proportionnelle entre l'hypoténuse entière et le segment adjacent;*

2° *la perpendiculaire est moyenne proportionnelle entre les deux segments de l'hypoténuse.*

Hypothèse. $\angle ACB = 1^{dr}$, $CD \perp AB$.

Conclusion. 1° $AB : AC = AC : AD$,

$BA : BC = BC : BD$;

2° $AD : CD = CD : BD$.

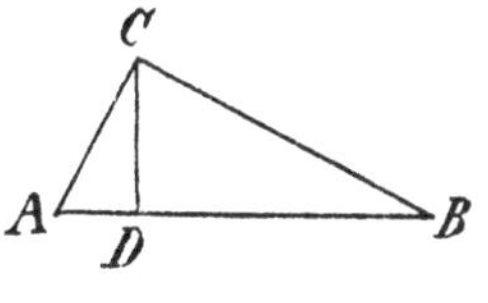

Démonstration. 1° Le triangle proposé ABC est semblable au triangle partiel ACD, puisque l'angle A est commun et que l'angle $ACB = ADC = 1^{dr}$ par hypothèse. L'hypoténuse AB du premier triangle a pour homologue l'hypoténuse AC du second; le côté AC du premier triangle, opposé à l'angle ABC, a pour homologue dans le second le côté AD, opposé à l'angle égal ACD. On trouve donc la proportion

$$AB : AC = AC : AD.$$

De la similitude des triangles BAC, BCD, on déduit de même la proportion $BA : BC = BC : BD$.

2° Les deux triangles partiels, étant semblables au triangle total, sont semblables entre eux. Donc leurs côtés homologues sont proportionnels, et l'on a $AD : CD = CD : BD$.

Remarques. 1. Si l'on suppose que toutes les longueurs de la figure aient été mesurées au moyen d'une même unité, on peut, dans les proportions ci-dessus, remplacer les lignes par les nombres qui les expriment et effectuer sur ces nombres toutes les opérations de l'arithmétique. V. *Alg.* n° 91.

Soient a, b, c, p, q les nombres qui mesurent respectivement les côtés du triangle rectangle et les segments de l'hypoténuse. On a, par le théorème qui précède,

$$c : a = a : p, \quad c : b = b : q,$$

d'où

$$a^2 = cp, \qquad b^2 = cq.$$

En ajoutant ces deux égalités, on obtient

$$a^2 + b^2 = cp + cq = c(p+q) = c^2;$$

donc

$$a^2 + b^2 = c^2.$$

On exprime ce résultat ainsi: *Dans tout triangle rectangle, le carré de l'hypoténuse égale la somme des carrés des deux autres côtés.* V. n° 133.

La relation obtenue permet de calculer l'un des côtés d'un triangle rectangle dont les deux autres sont donnés.

2. Pour abréger les énoncés des propositions, on appelle *produit de deux lignes* le produit des nombres qui les mesurent, et *carré d'une ligne* la seconde puissance du nombre qui la mesure.

169. Corollaires. 1. *Toute corde d'un cercle est moyenne proportionnelle entre le diamètre qui passe par une de ses extrémités et sa projection sur ce diamètre.*

2. *Toute perpendiculaire abaissée d'un point d'une circonférence sur un diamètre est moyenne proportionnelle entre les deux segments de ce diamètre.*

170. Théorème. *Lorsque deux cordes se coupent dans le cercle ou en dehors, les segments de l'une forment les extrêmes, ceux de l'autre les moyens d'une proportion.*

Le point de division commun des deux cordes est leur point d'intersection. V. n° 146.

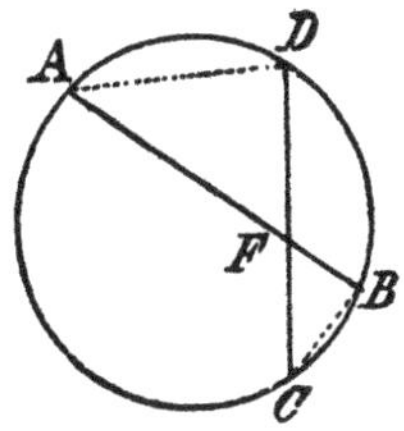

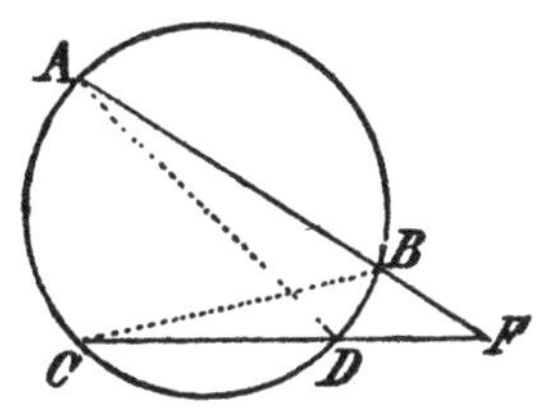

Démonstration. Soient AB, CD les deux cordes, F leur point d'intersection. En menant AD et BC, on forme les deux triangles FAD, FCB, qui sont semblables (n° 157) comme ayant deux angles égaux chacun à chacun. Donc $FA : FC = FD : FB$.

Corollaire. *Le produit des segments de la première corde est égal au produit des segments de la seconde.*

Remarque. Si, dans le cas où l'intersection F des cordes est extérieure au cercle, on convient de nommer *sécante entière* la plus grande des deux distances FA, FB, l'autre distance sera la *partie extérieure* de cette sécante, et le cas considéré s'énoncera ainsi: *Lorsque deux sécantes se coupent hors du cercle, les sécantes entières sont inversement proportionnelles à leurs parties extérieures.*

Réciproque. *Si deux portions de droites sont divisées par un même point en segments additifs ou soustractifs dont les produits sont égaux, les extrémités de ces portions de droites sont sur une même circonférence.*

La démonstration peut se faire directement (n°s 156 et 112) ou indirectement.

171. Théorème. *Lorsqu'une tangente et une corde (prolongée) se coupent, le segment de la tangente est moyenne proportionnelle entre les deux segments de la corde.*

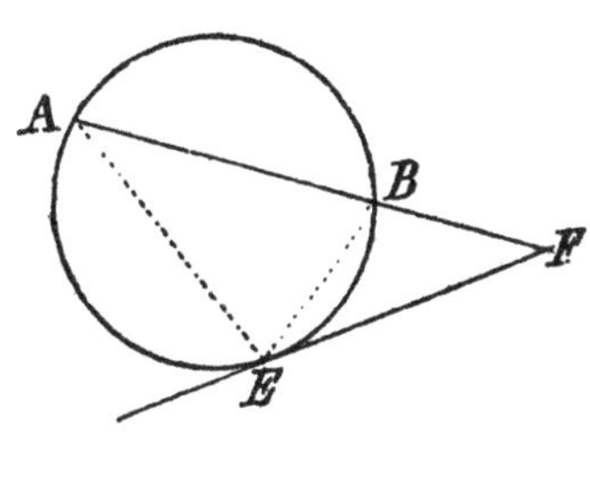

Démonstration. Soit EF la tangente, AB la corde. En menant AE et BE, on forme les deux triangles FAE, FEB, qui sont semblables par le deuxième cas de similitude, car l'angle F est commun et l'angle $FAE = FEB$

(n° 110). La similitude de ces triangles entraîne la proportion

$$FA : FE = FE : FB.$$

Corollaire. *Le carré du segment de la tangente est égal au produit des segments de la corde.*

Remarque. Ce théorème s'énonce aussi de la manière suivante: *Si d'un point pris hors d'un cercle on mène à ce cercle une tangente et une sécante, la tangente est moyenne proportionnelle entre la sécante entière et sa partie extérieure.*

Comme on peut considérer une tangente comme une sécante dont les deux points d'intersection avec la circonférence coïncident (n° 99), le dernier théorème est un cas particulier du théorème relatif à deux sécantes (n° 170).

Réciproque. *Si l'une de deux portions de droites est divisée par une extrémité de l'autre en segments soustractifs dont le produit est égal au carré de cette seconde, celle-ci est tangente à la circonférence qui passe par les trois autres extrémités.*

172. Problème. *Construire la moyenne proportionnelle entre deux longueurs données.*

Construction 1re. Soient a et b les deux longueurs données. Sur la plus grande a comme diamètre, on décrit une demi-circonférence; puis on porte la plus petite b sur a et élève sur a, à l'extrémité de b, la perpendiculaire qui rencontre la demi-circonférence en un point. La corde qui joint ce point à l'extrémité commune de a et de b est la moyenne proportionnelle cherchée. (n° 169, 1.)

Construction 2e. Sur la somme des deux longueurs données comme diamètre, on décrit une demi-circonférence, et on mène sur ce diamètre, à l'extrémité commune de a et de b, la perpendiculaire jusqu'à rencontrer la demi-circonférence. Cette perpendiculaire est la moyenne proportionnelle cherchée. (n° 169, 2.)

173. Définition. Diviser une droite finie *en moyenne et extrême raison*, c'est la diviser en deux segments tels que le plus grand soit moyenne proportionnelle entre la droite entière et le plus petit segment. (*Sectio aurea* ou *divina.*)

Ainsi, le point F (fig. du n° 174) divise la droite AB en moyenne et extrême raison, si l'on a

$$AB : AF = AF : BF.$$

On voit *à priori* que, entre les points A et B, il existe un point F, et un seul, tel que le rapport $AB : AF$ soit égal au rapport $AF : BF$. Car si l'on fait mouvoir le point F de A en B, le premier rapport décroît d'une manière continue de l'infini à 1, tandis que le second croît de 0 à l'infini (no 148). Il y a donc une position de F, et une seule, pour laquelle les deux rapports sont égaux.

174. Problème. *Diviser une droite finie en moyenne et extrême raison.*

Construction. Sur la droite AB, à l'extrémité B, on élève la perpendiculaire BC égale à la moitié de AB; du point C on décrit une circonférence avec CB pour rayon, et du point A on mène une sécante par le centre. En portant sa partie extérieure AD sur AB, on obtient le point F qui divise AB en moyenne et extrême raison.

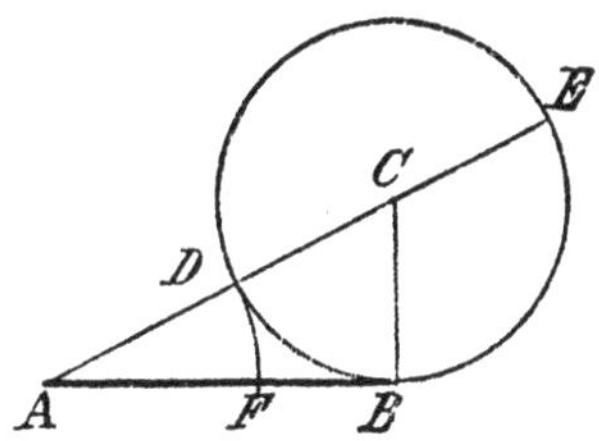

Démonstration. AB est tangente au cercle (no 100, 1) et par suite moyenne proportionnelle entre la sécante entière et sa partie extérieure (no 171). On a donc $AE:AB = AB:AD$. Mais si deux rapports sont égaux, chacun d'eux est égal au rapport formé par la différence des antécédents et la différence des conséquents (*Alg.* no 89, cor.). Ainsi le second rapport $AB:AD$ égale $AE - AB : AB - AD$. Or, par construction, le diamètre $DE = AB$, et $AD = AF$; donc $AE - AB = AD$ ou AF, et $AB - AD = BF$. La proportion trouvée s'écrit donc en définitive:

$$AB:AF = AF:BF.$$

Remarque. Si l'on désigne par a la longueur de la droite AB, on a, dans le triangle rectangle ABC,

$$AC = \sqrt{a^2 + (\tfrac{1}{2}a)^2} = \sqrt{\tfrac{5}{4}a^2} = \tfrac{1}{2}a\sqrt{5};$$

donc
$$AF = AC - CD = \tfrac{1}{2}a\sqrt{5} - \tfrac{1}{2}a$$
$$= \tfrac{1}{2}a(\sqrt{5} - 1),$$

et
$$BF = \tfrac{1}{2}a(3 - \sqrt{5}).$$

175. Théorème de Ptolémée. *Dans tout quadrilatère inscrit convexe, le produit des diagonales est égal à la somme des produits des côtés opposés.*

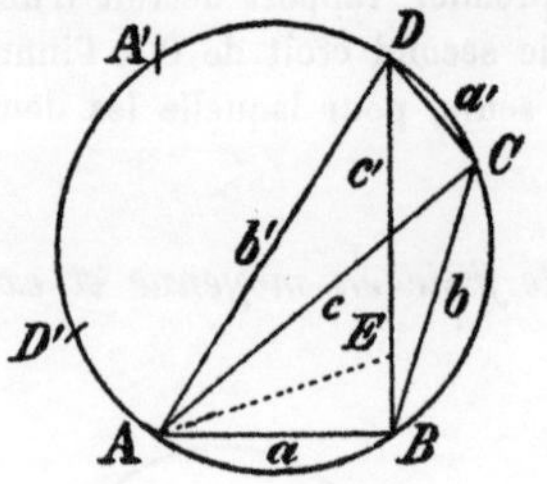

Démonstration. Soit $ABCD$ le quadrilatère inscrit; désignons les côtés par a, b, a', b', les diagonales par c et c', et menons par A la droite AE de manière que $\angle BAE = CAD$. Alors $\triangle ABE \backsim ACD$ (nº 157), donc $BE : a' = a : c$, d'où $c.BE = a.a'$. De même, $\triangle ADE \backsim ACB$, donc $DE : b = b' : c$, d'où $c.DE = b.b'$.

En ajoutant les deux égalités, on obtient

$$cc' = aa' + bb'.$$

Ptolémée, dans son *Almageste*, s'est servi de cette relation pour calculer la corde (c) de la somme de deux arcs dont les cordes (a et b) sont connues. En effet, si la diagonale $BD = d$ passe par le centre, on a

$$a' = \sqrt{d^2 - b^2}, \quad b' = \sqrt{d^2 - a^2},$$

donc
$$c = \frac{a}{d}\sqrt{d^2 - b^2} + \frac{b}{d}\sqrt{d^2 - a^2}.$$

Corollaires. 1. Si le quadrilatère inscrit est un rectangle, la relation générale se réduit à $c^2 = a^2 + b^2$, c'est-à-dire à la formule du carré de l'hypoténuse (nº 168, rem. 1).

2. *Les diagonales d'un quadrilatère inscrit sont entre elles comme les sommes des produits des côtés qui aboutissent à leurs extrémités.*

En effet, en prenant l'arc $AD' = CD$, on forme un quadrilatère $ABCD'$ ayant pour côtés a, b, b', a' et pour diagonales c, BD'. De même, en prenant l'arc $DA' = BA$, on forme un quadrilatère $A'DCB$ ayant pour côtés a, a', b, b' et pour diagonales c', CA'. De là résulte

$$c.BD' = ab' + a'b, \quad c'.CA' = ab + a'b',$$

donc
$$\frac{c}{c'} = \frac{ab' + a'b}{ab + a'b'}.$$

CHAPITRE VIII.
COMPARAISON ET MESURE DES POLYGONES.

176. Définition. *Mesurer l'aire* d'une figure, c'est chercher combien de fois elle contient une autre figure prise pour *unité de surface.*

En emploie généralement pour unité de surface un carré dont le côté est égal à l'unité de longueur adoptée.

Le mètre étant, dans le système métrique, l'unité fondamentale de longueur, le *mètre carré* est l'unité fondamentale de surface. Aux multiples et aux sous-multiples du mètre correspondent autant d'unités de surface. Ainsi les mesures de surface ou de superficie sont le *kilomètre carré (kmq)*, l'*hectomètre carré* ou *hectare (ha)*, le *décamètre carré* ou *are (a)*, le *mètre carré (mq)*, le *décimètre carré (dmq)*, le *centimètre carré (cmq)*, le *millimètre carré (mmq)*. On verra plus loin (n° 179, cor. 1) que *chaque unité carrée vaut* 100 *fois l'unité carrée immédiatement inférieure.*

On ne mesure pas une surface comme une ligne en portant l'unité de surface ou une de ces subdivisions sur la surface à mesurer; cela serait incommode et souvent impossible. La Géométrie nous apprend à *calculer* l'aire d'une figure après en avoir *mesuré* certaines lignes.

177. Théorèmes. 1. *Deux rectangles de même hauteur sont entre eux comme leurs bases.*

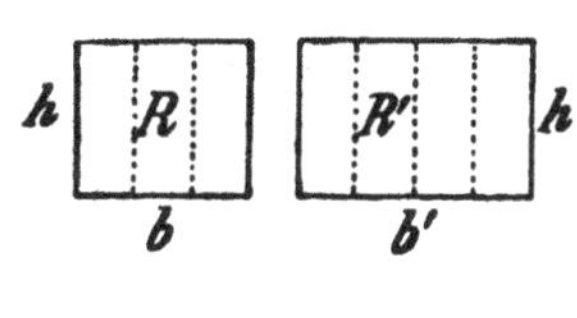

Démonstration. Soient R et R' les deux rectangles de même hauteur, b et b' leurs bases. Si les bases ont une commune mesure et que cette dernière soit contenue p fois dans b, et q fois dans b', le rapport de b à b' est égal à $\frac{p}{q}$. En portant la commune mesure sur les bases et en menant par les points de division les parallèles aux autres côtés, on divise R en p, R' en q parties toutes égales entre elles. De là résulte que le rapport de R à R' est aussi égal à $\frac{p}{q}$. Donc enfin $R : R' = b : b'$.

Si les bases sont incommensurables, on montre comme au n° 139 que le rapport des aires et celui des bases sont toujours compris entre les mêmes limites, dont la différence peut devenir aussi petite qu'on voudra.

2. *Deux rectangles de même base sont entre eux comme leurs hauteurs.*

Car on peut échanger la base et la hauteur d'un rectangle.

3. *Deux rectangles quelconques sont entre eux comme les produits de leurs bases par leurs hauteurs.*

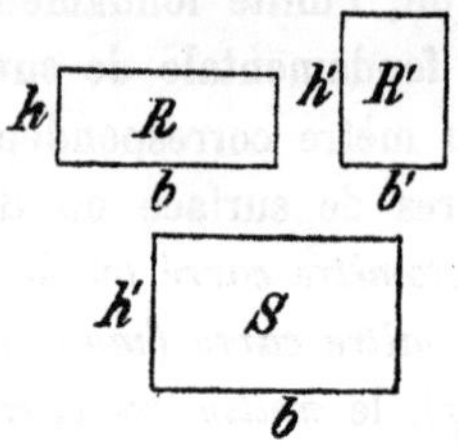

Démonstration. Soient les deux rectangles R et R'; supposons qu'on ait mesuré leurs dimensions avec une même unité de longueur, et désignons les nombres respectifs par b, h, b', h'. Si l'on construit un troisième rectangle S qui ait la même base b que le premier, et la même hauteur h' que le second, on a d'après les deux théorèmes précédents

$$R : S = h : h',$$
$$S : R' = b : b'.$$

Donc
$$R : R' = bh : b'h'.$$

178. Corollaires. 1. *Deux parallélogrammes de même hauteur sont entre eux comme leurs bases; deux parallélogrammes de même base sont entre eux comme leurs hauteurs; deux parallélogrammes quelconques sont entre eux comme les produits de leurs bases par leurs hauteurs.*

Car un parallélogramme est équivalent à un rectangle de même base et de même hauteur (n° 124).

2. *Deux triangles de même hauteur sont entre eux comme leurs bases; deux triangles de même base sont entre eux comme leurs hauteurs; deux triangles quelconques sont entre eux comme les produits de leurs bases par leurs hauteurs.*

Car un triangle est équivalent à la moitié d'un parallélogramme de même base et de même hauteur (n° 125), et les moitiés sont entre elles comme les entiers.

179. Théorème. *L'aire d'un rectangle est égale au produit de sa base par sa hauteur.*

C'est-à-dire que l'aire d'un rectangle est exprimée par le produit des nombres qui mesurent sa base et sa hauteur à l'aide d'une même unité de longueur, si l'on prend pour unité de surface le carré construit sur cette unité de longueur.

Démonstration. Soit à mesurer le rectangle R dont les côtés sont exprimés par les nombres b et h. Désignons par S le carré construit sur l'unité de longueur avec laquelle on a mesuré les côtés. On a, d'après le troisième théorème du n° 177, $R:S = bh:1$. Donc R égale bh fois S, c'est-à-dire que le rectangle contient bh unités de surface.

Remarque. Dans le cas où les dimensions du rectangle sont exprimées par des nombres entiers, on peut démontrer le théorème sans le secours du n° 177, en divisant deux côtés consécutifs respectivement en b et h parties égales et en menant par les points de division de chaque côté les parallèles aux autres côtés. Le rectangle se trouvera alors décomposé en bh carrés, distribués en h rangées dont chacune contient b carrés.

Corollaires. 1. *L'aire d'un carré est égale à la deuxième puissance de son côté.*

De là le nom de *carré* donné en Arithmétique à la deuxième puissance d'un nombre.

$1^{\text{kmq}} = 100^{\text{ha}}$	$1^{\text{mq}} = 100^{\text{dmq}}$
$1^{\text{ha}} = 100^{\text{a}}$	$1^{\text{dmq}} = 100^{\text{cmq}}$
$1^{\text{a}} = 100^{\text{mq}}$	$1^{\text{cmq}} = 100^{\text{mmq}}$

2. *Si l'on connaît l'aire d'un rectangle et l'un de ses côtés, on trouve l'autre côté en divisant l'aire par le côté connu.*

Car de la formule $R = bh$, on déduit $h = \frac{R}{b}$.

Si l'on connaît l'aire (S) d'un carré, on trouve son côté (a) en extrayant la racine carrée de l'aire.

Car de la formule $S = a^2$, on déduit $a = \sqrt{S}$.

180. Théorème. *L'aire d'un parallélogramme est égale au produit de sa base par sa hauteur.*

$$\textit{Parallélogramme} = bh.$$

Démonstration. Un parallélogramme est équivalent à un rectangle de même base et de même hauteur (n° 124), et le rectangle a pour mesure le produit des nombres b et h (n° 179).

181. Théorème. *L'aire d'un triangle est égale à la moitié du produit de sa base par sa hauteur.*

$$\textit{Triangle} = \tfrac{1}{2}bh.$$

La démonstration résulte des nos 125 et 180.

Corollaires. 1. *L'aire d'un triangle rectangle est égale à la moitié du produit des deux côtés de l'angle droit.*

2. *L'aire d'un triangle équilatéral s'exprime en fonction de son côté.*

Car la hauteur h d'un tel triangle tombe au milieu du côté a, de sorte qu'on a

$$h^2 = a^2 - \tfrac{1}{4}a^2 = \tfrac{3}{4}a^2,$$

d'où

$$h = \tfrac{1}{2}a\sqrt{3};$$

en multipliant cette valeur de la hauteur par $\tfrac{1}{2}a$, on obtient

$$\textit{Triangle équilatéral} = \tfrac{1}{4}a^2\sqrt{3}.$$

182. Théorème. *L'aire d'un trapèze est égale au produit de sa hauteur par la demi-somme de ses bases.*

$$\textit{Trapèze} = h\cdot\frac{b+b'}{2}.$$

Démonstration. Le trapèze se compose de deux triangles dont les aires ont pour mesures $\frac{bh}{2}$ et $\frac{b'h}{2}$; en ajoutant ces expressions, on trouve pour l'aire du trapèze $h\cdot\frac{b+b'}{2}$.

Corollaire. *L'aire d'un trapèze a aussi pour mesure le produit de sa hauteur par la parallèle aux bases équidistante de celles-ci* (n° 88).

183. Théorème. *L'aire d'un polygone dans lequel on peut inscrire un cercle est égale à la moitié du produit de son périmètre par le rayon du cercle.*

$$\textit{Polygone circonscriptible} = \tfrac{1}{2}p\varrho.$$

Démonstration. En joignant le centre du cercle à tous les sommets du polygone, on décompose ce dernier en triangles qui ont le rayon ϱ pour hauteur commune et les différents côtés a, b, c ... pour bases. Donc l'aire du polygone $= \frac{1}{2}a\varrho + \frac{1}{2}b\varrho + \frac{1}{2}c\varrho + \cdots = \frac{1}{2}p\varrho$, p désignant le périmètre du polygone.

Cette proposition s'applique en particulier à tout triangle (n° 118).

Corollaire. Pour mesurer l'aire d'un polygone quelconque, on le décompose en parties que l'on sait évaluer, par exemple en triangles et en trapèzes, on calcule ensuite les aires de ces parties et l'on en fait la somme.

Ainsi l'aire d'un quadrilatère quelconque, dont on connaît une diagonale d et les perpendiculaires h et h' abaissées sur celle-ci des sommets opposés, a pour mesure $\frac{1}{2}d(h+h')$.

184. Scolies. 1. Le produit de deux droites, c'est-à-dire le produit des nombres qui les mesurent au moyen d'une même unité (n° 168, rem. 2) a maintenant une signification géométrique précise. Il exprime (n° 179) l'aire du rectangle construit avec ces droites. De même, le carré d'une droite exprime l'aire du carré construit sur cette droite.

Par conséquent, *de toute proportion entre quatre lignes droites, on peut conclure l'équivalence de deux rectangles.* En particulier, *quand une droite b est moyenne proportionnelle entre deux droites a et c, le carré construit sur b est équivalent au rectangle fait avec a et c.*

2. D'après ce qui vient d'être dit, l'un des théorèmes relatifs aux proportions dans le triangle rectangle (n° 168, 2°) peut être énoncé comme suit:

Le carré construit sur la hauteur d'un triangle rectangle est équivalent au rectangle fait avec les deux segments de l'hypoténuse. V. n° 132.

On voit en outre que la relation numérique $a^2+b^2=c^2$ entre les côtés d'un triangle rectangle (n° 168, rem. 1) exprime précisément le théorème de Pythagore (n° 133).

185. Théorème. *Les aires de deux triangles qui ont un angle égal sont entre elles comme les produits des côtés qui comprennent cet angle.*

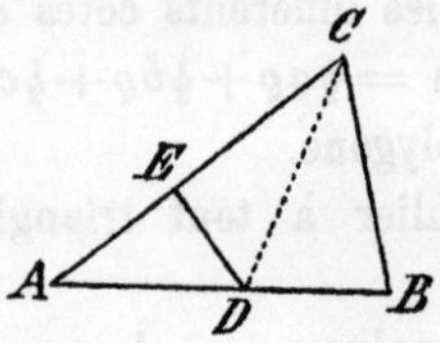

Démonstration. Soient les triangles ABC, ADE, placés de telle sorte qu'ils aient l'angle A commun. Menons CD et comparons chacun des deux triangles au triangle ADC. Les triangles ABC, ADC ont même hauteur, puisqu'ils ont même sommet C et leurs bases AB, AD sur la même droite; on a donc (nº 178, 2)

$$\triangle ABC : ADC = AB : AD.$$

On trouve de même

$$\triangle ADC : ADE = AC : AE.$$

En multipliant ces deux proportions terme à terme, on obtient

$$\triangle ABC : ADE = AB . AC : AD . AE.$$

186. Théorèmes. 1. *Les aires de deux triangles semblables sont entre elles comme les carrés de deux côtés homologues.*

Démonstration. Désignons les aires des deux triangles par $\triangle$ et $\triangle'$, leurs côtés par a, b, c, a', b', c'. Puisque les triangles sont supposés semblables, l'angle compris entre les côtés a et b est égal à son homologue que forment les côtés a' et b'. Par conséquent (nº 185)

$$\frac{\triangle}{\triangle'} = \frac{ab}{a'b'}.$$

Or le rapport de ces deux produits est égal au produit des deux rapports $\frac{a}{a'}$ et $\frac{b}{b'}$, qui sont égaux à cause de la similitude des figures. Donc, en remplaçant $\frac{b}{b'}$ par son égal $\frac{a}{a'}$, on obtient

$$\frac{\triangle}{\triangle'} = \left(\frac{a}{a'}\right)^2 = \frac{a^2}{a'^2}.$$

2. *Les aires de deux polygones semblables sont entre elles comme les carrés de deux côtés homologues.*

Démonstration. Les deux polygones semblables P et P' peuvent être décomposés en triangles semblables chacun à chacun (nº 163). Or, par le théorème précédent, un triangle quelconque du premier polygone et son homologue dans le deuxième sont entre eux comme les carrés de deux de leurs côtés homologues, et par conséquent comme les carrés de deux côtés homologues des polygones, a et a' par exemple. Donc les triangles homologues sont tous dans le même rapport $\frac{a^2}{a'^2}$. De là résulte (*Alg.* n° 89) que la somme des triangles du premier polygone et la somme des triangles du deuxième forment un rapport égal à $\frac{a^2}{a'^2}$, c'est-à-dire qu'on a

$$\frac{P}{P'} = \frac{a^2}{a'^2}.$$

187. Théorème. *Si sur les trois côtés d'un triangle réctangle, pris comme côtés homologues, on construit des polygones semblables, le polygone construit sur l'hypoténuse est équivalent à la somme des deux autres.*

Démonstration. Soient a et b les côtés de l'angle droit, c l'hypoténuse du triangle rectangle; soient P, Q, R les polygones semblables correspondants. On aura (n° 186)

$$\frac{P}{R} = \frac{a^2}{c^2}, \quad \frac{Q}{R} = \frac{b^2}{c^2},$$

d'où

$$\frac{P+Q}{R} = \frac{a^2+b^2}{c^2}.$$

Mais $a^2+b^2=c^2$ (n° 133), donc $P+Q=R$.

Remarques. 1. Le théorème de Pythagore est un cas spécial du théorème actuel.

2. A l'aide du dernier théorème et du n° 166, on peut aisément résoudre le problème suivant: *Étant donnés deux polygones semblables, construire un polygone semblable qui soit égal à leur somme ou à leur différence.* V. n° 136.

CHAPITRE IX.

DES POLYGONES RÉGULIERS.

188. Définition. Un polygone est dit *régulier*, lorsqu'il a tous ses côtés égaux et tous ses angles égaux.

Tels sont, par exemple, le triangle équilatéral et le carré.

Corollaire. *Dans un polygone régulier de n côtés, chaque angle vaut* $\frac{(2n-4)^{dr}}{n}$. V. n° 89.

189. Théorème. *Si l'on divise une circonférence en n parties égales,*

1° *les cordes qui joignent les points de division consécutifs forment un polygone régulier inscrit de n côtés;*

2° *les tangentes menées par les points de division forment un polygone régulier circonscrit de n côtés.*

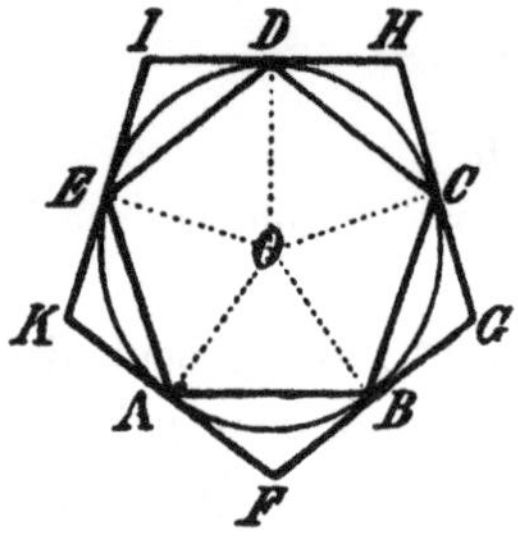

Démonstration. Joignons le centre du cercle aux différents points de division. On forme ainsi n angles au centre égaux, de sorte que chacun d'eux vaut $\frac{4^{dr}}{n}$ ou $\frac{360^\circ}{n}$. Si l'on fait tourner la figure autour du centre d'un angle égal à $\frac{4^{dr}}{n}$, chaque rayon s'appliquera sur le rayon suivant, et chaque sommet sur le sommet suivant. De là résulte l'égalité des côtés et des angles du polygone inscrit. La même rotation fait coïncider chaque tangente avec la suivante, d'où l'on conclut que le polygone circonscrit a lui aussi ses côtés égaux, ainsi que ses angles.

Remarque. Un polygone régulier étant inscrit dans un cercle, pour lui circonscrire un polygone régulier du même nombre de côtés, on peut mener des tangentes ou par tous les sommets du polygone inscrit, ou par les milieux des arcs que sous-tendent ses côtés. La seconde manière d'opérer donne un polygone circonscrit qui a ses côtés parallèles à ceux du polygone inscrit, et ses sommets sur les mêmes rayons que les sommets de ce dernier.

190. Théorème. *On peut toujours circonscrire et inscrire un cercle à un polygone régulier donné.*

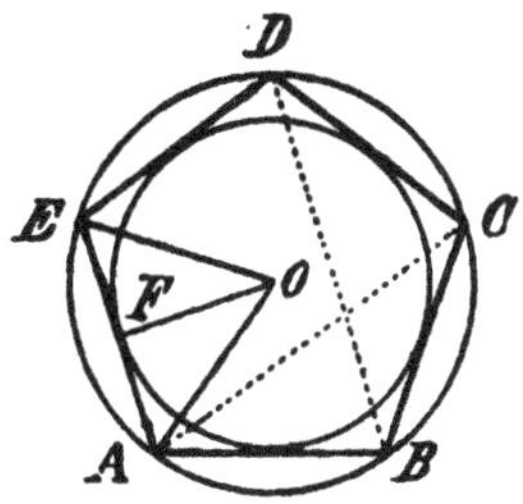

Démonstration. Soit $ABCDE$ le polygone régulier donné. Traçons la circonférence passant par les trois sommets consécutifs A, B, C (n° 97, 1); pour prouver qu'elle passe aussi par le sommet suivant D, menons AC et BD. Les deux triangles ABC, DCB étant égaux (I), on a $\angle BAC = CDB$; par conséquent le côté BC est vu des points A et D sous le même angle. Donc le sommet D appartient à la circonférence déterminée par les points A, B, C (n° 111). On démontrerait de même que la circonférence qui passe par B, C, D passe aussi par E, et ainsi de suite.

En second lieu, les côtés du polygone sont des cordes égales du cercle circonscrit; donc les perpendiculaires abaissées du centre sur ces cordes sont égales (n° 98), et la circonférence décrite du même centre avec l'une de ces perpendiculaires pour rayon touche les côtés du polygone, chacun en son milieu.

191. Définitions. On appelle *centre* d'un polygone régulier le centre commun du cercle circonscrit et du cercle inscrit.

On appelle *rayon* d'un polygone régulier le rayon du cercle circonscrit, et *apothème* du polygone le rayon du cercle inscrit.

L'angle de deux rayons consécutifs est nommé *angle au centre* du polygone. Le triangle formé par deux rayons consécutifs et le côté intercepté est nommé *triangle central* du polygone.

Corollaires. 1. *Les rayons d'un polygone régulier le décomposent en autant de triangles centraux qu'il y a de côtés. Tous ces triangles sont isocèles et égaux.*

2. *Tous les angles au centre d'un polygone régulier sont égaux; chacun d'eux égale* $\frac{4^{dr}}{n}$, *n étant le nombre des côtés.*

3. *Les rayons d'un polygone régulier sont les bissectrices des angles du polygone, et les apothèmes celles des angles au centre.*

4. *Le centre d'un polygone régulier est à la fois le point de concours des bissectrices de tous les angles et des perpendiculaires aux milieux des côtés.*

192. Théorème. *Deux polygones réguliers sont égaux, si leurs triangles centraux sont égaux.*

Car l'égalité de ces triangles entraîne l'égalité des côtés et des angles des polygones.

Corollaire. Un polygone régulier est complètement déterminé par son triangle central. De là résulte qu'un polygone régulier d'un nombre de côtés donné est déterminé, lorsqu'on en connaît le côté ou le rayon ou l'apothème.

193. Théorème. *Deux polygones réguliers d'un même nombre de côtés sont semblables.*

En effet, les angles des deux polygones ont la même valeur, puisque cette valeur ne dépend que du nombre des côtés et que ce nombre est le même dans les deux figures. D'ailleurs il est évident que le rapport d'un côté du premier polygone à un côté du deuxième est constant.

Corollaires. 1. *Les rayons et les apothèmes de deux polygones réguliers d'un même nombre de côtés sont proportionnels à leurs côtés.*

Cela résulte de la similitude des triangles centraux et du n° 161, 1.

2. *Les périmètres de deux polygones réguliers d'un même nombre de côtés sont proportionnels aux côtés, aux rayons ou aux apothèmes.*

Cela résulte du n° 165.

3. *Les aires de deux polygones réguliers d'un même nombre de côtés sont proportionnelles aux carrés des côtés, des rayons ou des apothèmes.*

Cela résulte du n° 186, 2.

194. Théorème. *L'aire d'un polygone régulier est égale à la moitié du produit de son périmètre par son apothème.*

$$\textit{Polygone régulier} = \tfrac{1}{2} p \varrho.$$

Car à tout polygone régulier on peut inscrire un cercle dont le rayon est l'apothème du polygone. Par conséquent, en vertu du n° 183, l'aire du polygone a pour mesure le demi-produit de son périmètre p par l'apothème ϱ.

Corollaire. *Un polygone régulier est équivalent à un triangle qui a pour base le périmètre et pour hauteur l'apothème du polygone.*

195. Problème. *Inscrire un carré dans un cercle donné.*

Construction. L'angle au centre du carré étant droit, il suffit de mener deux diamètres perpendiculaires l'un à l'autre et de joindre leurs extrémités.

Remarque. Soit r le rayon du cercle, et c_4 le côté du carré inscrit ou bien la corde qui sous-tend le quart de la circonférence. Comme le triangle central est rectangle, on a $c_4^2 = r^2 + r^2 = 2r^2$, d'où

$$c_4 = r\sqrt{2}.$$

196. Problème. *Inscrire un hexagone régulier dans un cercle donné.*

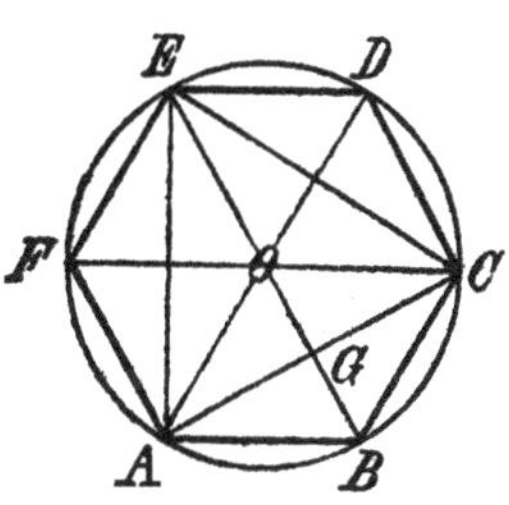

Analyse. Soit AB le côté de l'hexagone demandé. Le triangle OAB est isocèle, et l'angle au centre AOB égale $\frac{4}{6}$ ou $\frac{2}{3}$ d'angle droit (n° 191, cor. 2). Par suite ce triangle est équilatéral, et le côté de l'hexagone est égal au rayon.

Construction. On porte le rayon du cercle six fois sur la circonférence et joint les points de division consécutifs.

Corollaire. *En joignant les sommets de l'hexagone de deux en deux, on obtient le triangle équilatéral inscrit.*

Pour calculer le côté du triangle régulier ACE en fonction du rayon, on considère le triangle ACD rectangle en C. L'hypoténuse $AD = 2r$, le côté $CD = r$, et le troisième côté AC représente le côté cherché c_3. Donc $c_3^2 = 4r^2 - r^2 = 3r^2$, d'où

$$c_3 = r\sqrt{3}.$$

La valeur de l'apothème ϱ résulte de ce que la figure $ABCO$ est un losange dont les diagonales r et c_3 se divisent en deux parties égales. On a donc

$$\varrho_3 = \tfrac{1}{2}r.$$

La surface du triangle se déduit de la formule générale $F = \tfrac{1}{2}nc\varrho$ (n° 194). On trouve

$$F_3 = \tfrac{3}{4}r^2\sqrt{3}.$$

197. Problème. *Inscrire un décagone régulier dans un cercle donné.*

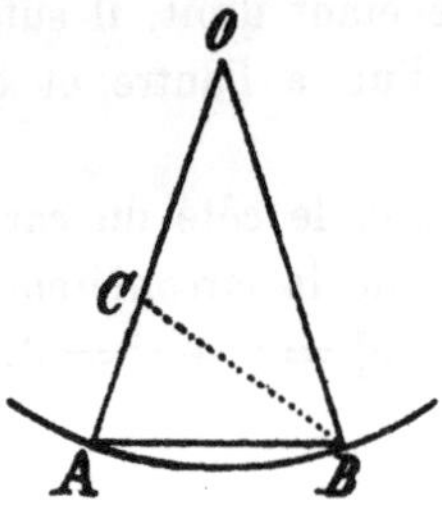

Analyse. Supposons le problème résolu, et soit AB le côté du décagone demandé. L'angle $AOB = \tfrac{2}{5}^{dr}$ comme angle au centre du décagone, d'où il suit que chacun des angles à la base égale $\tfrac{4}{5}^{dr}$ ou le double de O. Si l'on mène la bissectrice BC de l'angle ABO, le triangle BCO est isocèle, de même que le triangle ABC; on a donc $AB = BC = CO$. Les triangles ABO, ACB sont semblables comme ayant leurs angles égaux, par suite $AO : AB = AB : AC$, ou $AO : CO = CO : AC$. Ainsi le point C divise le rayon AO en moyenne et extrême raison, et le plus grand segment CO est égal au côté du décagone.

Construction. On divise le rayon du cercle en moyenne et extrême raison (n° 174) et porte le plus grand segment dix fois sur la circonférence.

$$c_{10} = \tfrac{1}{2}r(\sqrt{5}-1).$$

Corollaire. *En joignant les sommets du décagone de deux en deux, on obtient le pentagone régulier inscrit.*

198. Problème. *Inscrire un pentédécagone régulier dans un cercle donné.*

Construction. On porte sur la circonférence, à partir d'un même point et dans le même sens, une corde AB égale au côté de l'hexagone, et une autre corde AC égale au côté du décagone; la corde BC sera le côté du pentédécagone.

Démonstration. L'arc AB est le $\tfrac{1}{6}$ de la circonférence, l'arc AC en est le $\tfrac{1}{10}$; donc leur différence $BC = \tfrac{1}{6} - \tfrac{1}{10} = \tfrac{1}{15}$ de la circonférence.

Scolie. Nous avons appris précédemment à construire, *avec la règle et le compas*, les polygones réguliers suivants: *carré, hexagone* et *triangle, décagone* et *pentagone, pentédécagone*. Comme nous savons aussi diviser un arc en deux parties égales, nous pouvons, en partant d'un premier polygone régulier inscrit, en construire un second d'un nombre double de côtés, puis un troisième, et ainsi de suite. D'après cela, du carré se déduisent les polygones réguliers de 8, 16, 32, ... et en général de 2^n côtés; de l'hexagone, ceux de 12, 24, 48, ... et en général de 3.2^n côtés; du décagone, ceux de 20, 40, 80, ... et en général de 5.2^n côtés; du pentédécagone, ceux de 30, 60, 120, ... et en général de 15.2^n côtés.

En outre on peut inscrire dans le cercle, au moyen de la règle et du compas seuls, le polygone régulier de 17 côtés, et en général de 2^n+1 côtés, si ce nombre est premier.

La *trisection* de l'arc ou de l'angle ne peut être effectuée par la géométrie élémentaire.

199. Problème. *Étant donnés le rayon d'un cercle et le côté d'un polygone régulier inscrit, calculer le côté du polygone régulier inscrit d'un nombre double de côtés.*

Solution. Soit AB le côté donné; si l'on trace le diamètre $CD \perp AB$, le point C sera le milieu de l'arc AB, et AC le côté cherché. Posons $OA=r$, $OE=\varrho$, $AB=c$, $AC=c'$. La corde AC est moyenne proportionnelle entre le diamètre CD et sa projection CE sur ce diamètre (n° 169, 1); la projection CE étant égale à $r-\varrho$, on a

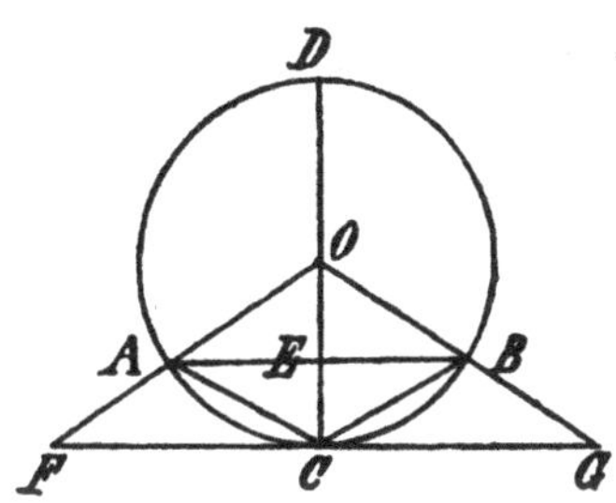

$$(1) \quad c' = \sqrt{2r(r-\varrho)}.$$

Or l'apothème ϱ du polygone donné s'évalue dans le triangle rectangle AEO; on trouve

$$(2) \quad \varrho = \sqrt{r^2-\tfrac{1}{4}c^2}.$$

On a donc finalement la formule

$$(3)\quad c' = \sqrt{2r(r-\sqrt{r^2-\tfrac{1}{4}c^2})},$$

qui fait connaître le côté c' en fonction de r et de c.

Remarque 1. Si l'on suppose que le rayon du cercle soit égal à l'unité de longueur, la dernière formule devient

$$c' = \sqrt{2-2\sqrt{1-\tfrac{1}{4}c^2}} = \sqrt{2-\sqrt{4-c^2}}.$$

En appliquant cette relation au carré, dont le côté $=\sqrt{2}$, on a successivement

$$c_8 = \sqrt{2-\sqrt{2}},\quad c_{16} = \sqrt{2-\sqrt{2+\sqrt{2}}}.$$

De même, en partant de l'hexagone, dont le côté $=1$, on obtient

$$c_{12} = \sqrt{2-\sqrt{3}},\quad c_{24} = \sqrt{2-\sqrt{2+\sqrt{3}}}.$$

Remarque 2. L'équation (3), résolue par rapport à c, donne

$$(4)\quad c = \frac{c'}{r}\sqrt{4r^2-c'^2}.$$

A l'aide de cette formule, on peut, *connaissant le côté d'un polygone, trouver celui du polygone d'un nombre de côtés moitié moindre.* Par exemple, si nous prenons c' égal au côté du décagone (nº 197), nous aurons pour le côté du pentagone:

$$c_5 = \tfrac{1}{2}r\sqrt{10-2\sqrt{5}}.$$

200. Problème. *Étant donnés le rayon (r) d'un cercle et le côté (c) d'un polygone régulier inscrit, calculer le côté (C) du polygone régulier circonscrit d'un même nombre de côtés.*

Solution. Soit ϱ l'apothème du polygone inscrit; celui du polygone circonscrit égale r. Comme les côtés de deux polygones réguliers semblables sont proportionnels à leurs apothèmes (nº 193, cor. 1), on a $C:c=r:\varrho$, d'où

$$C = \frac{cr}{\varrho}.$$

Il ne reste plus qu'à remplacer ϱ par sa valeur $\sqrt{r^2-\tfrac{1}{4}c^2}$, pour que le côté C soit exprimé en fonction de r et de c.

Corollaire. Une proportion analogue ayant lieu pour les périmètres P et p des polygones considérés, on a $P:p=r:\varrho$, d'où résulte la valeur du périmètre du polygone circonscrit

$$P = \frac{pr}{\varrho}.$$

CHAPITRE X.

MESURE DU CERCLE.

§ 1. LONGUEUR DE LA CIRCONFÉRENCE.

201. Théorèmes. 1. *Lorsqu'on inscrit un polygone régulier dans un cercle et qu'on double indéfiniment le nombre de ses côtés, les périmètres successifs vont en augmentant et tendent vers une certaine limite.*

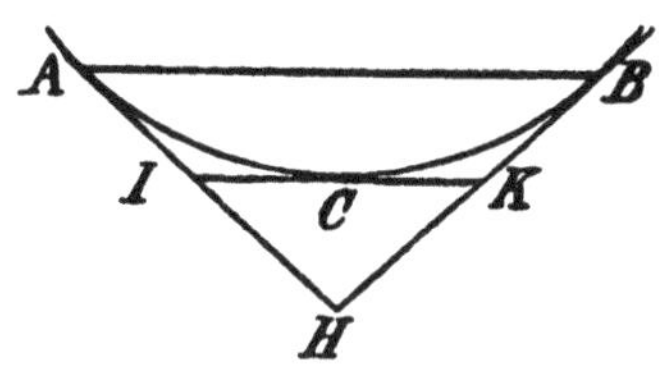

Car en doublant le nombre des côtés d'un polygone inscrit, on remplace chaque côté AB par une ligne brisée ACB. Ainsi les périmètres croissent sans cesse, et comme ils restent tous plus petits que le périmètre d'un polygone circonscrit quelconque (n° 45, cor. 3), ils tendent vers une certaine limite.

2. *Lorsqu'on circonscrit un polygone régulier à un cercle donné et qu'on double indéfiniment le nombre de ses côtés, les périmètres successifs vont en diminuant et tendent vers une certaine limite.*

Car en doublant le nombre des côtés d'un polygone circonscrit, on remplace la ligne brisée IHK par la droite IK. Ainsi les périmètres décroissent sans cesse, et comme ils restent tous plus grands que le périmètre d'un polygone inscrit quelconque, ils tendent aussi vers une certaine limite.

3. *La différence entre les périmètres de deux polygones réguliers semblables, l'un inscrit, l'autre circonscrit, devient plus petite que toute grandeur donnée, lorsqu'on fait croître indéfiniment le nombre de leurs côtés. En d'autres termes, ces périmètres ont une limite commune.*

Car si l'on désigne par p et P les périmètres des polygones, par r le rayon OC (fig. du n° 199) et par ϱ l'apothème OE, on a (n° 200, cor.)

$$\frac{P}{p}=\frac{r}{\varrho}, \quad \text{d'où} \quad P-p=\frac{P(r-\varrho)}{r}.$$

Or lorsqu'on fait tendre vers zéro les côtés des polygones, le facteur P diminue, le dénominateur r est constant, et le facteur $r-\varrho$ devient aussi petit qu'on veut, comme étant plus petit que AE, moitié du côté AB (n° 44, cor.). Donc la différence $P-p$ devient aussi petite qu'on veut.

202. Pour pouvoir comparer la longueur d'une circonférence à la longueur d'une ligne droite, on ramène la notion de la première à celle de la seconde à l'aide de la définition suivante:

Définition. *La longueur d'une circonférence est la limite commune vers laquelle tendent les périmètres des polygones réguliers inscrits ou circonscrits, lorsqu'on fait croître indéfiniment le nombre de leurs côtés.*

Cette définition est justifiée non seulement par les théorèmes précédents, qui prouvent l'existence de cette limite, mais encore par ce fait que les périmètres des polygones se confondent sensiblement avec la circonférence lorsque leurs côtés tendent vers zéro. D'ailleurs on peut démontrer que *cette limite est unique*, c'est-à-dire qu'elle reste la même, de quelque polygone qu'on parte.

On exprime souvent la proposition précédente en disant que *le cercle peut être considéré comme un polygone régulier d'un nombre infini de côtés infiniment petits.* On est amené ainsi à appliquer au cercle toutes les propriétés des polygones réguliers qui sont indépendantes du nombre de leurs côtés.

203. Scolie. Les considérations qui précèdent s'appliquent à un arc de cercle et à un arc de courbe quelconque; elles conduisent aux conséquences suivantes:

La ligne droite qui joint deux points est plus petite que toute ligne ayant les mêmes extrémités. V. n° 45.

Un arc convexe est plus petit que toute ligne qui l'enveloppe et qui a les mêmes extrémités. V. n° 45, cor. 2.

Une ligne convexe fermée est plus petite que toute ligne qui l'enveloppe de toutes parts. V. n° 45, cor. 3.

204. Théorème. *Deux circonférences sont entre elles comme leurs rayons.*

Démonstration. Soient r et r' les rayons, c et c' les longueurs de deux circonférences. Supposons inscrits dans ces circonférences deux polygones réguliers d'un même nombre de côtés; si p et p' désignent leurs périmètres, on a (n° 193, cor. 2)

$$\frac{p}{p'} = \frac{r}{r'}.$$

Cette proportion a lieu quel que soit le nombre des côtés des polygones; elle ne cesse donc pas d'avoir lieu lorsqu'on double ce nombre indéfiniment. Mais alors p et p' tendent vers leurs limites respectives c et c'; on a donc à la limite

$$\frac{c}{c'} = \frac{r}{r'}.$$

Corollaire. *Le rapport de la circonférence au diamètre est un nombre constant,* c'est-à-dire que ce rapport est le même pour toutes les circonférences.

Car de $\frac{c}{c'} = \frac{2r}{2r'}$ résulte $\frac{c}{2r} = \frac{c'}{2r'}$.

205. Définition. Le rapport constant de la circonférence au diamètre se désigne par la lettre π.

Ce rapport est irrationnel, ainsi qu'on peut le démontrer; il est donc impossible de l'exprimer exactement par un nombre fini de chiffres. Mais il existe diverses méthodes élémentaires qui permettent de calculer le nombre π avec une approximation aussi grande qu'on veut. Nous allons voir une de ces méthodes dans le n° suivant.

206. Problème. *Calculer une valeur approchée du nombre π.*

Solution. On a par définition $\pi = \frac{c}{2r}$. Si l'on prend $r = 1$, on a $\pi = \frac{c}{2}$, c'est-à-dire que π exprime la demi-circonférence de rayon 1. La longueur de cette demi-circonférence est comprise entre les demi-périmètres de deux polygones réguliers semblables, l'un inscrit, l'autre circonscrit au cercle de rayon 1. Par conséquent, pour calculer approximativement le nombre π, il suffit de calculer les demi-périmètres de ces deux polygones: les décimales communes aux nombres ainsi obtenus exprimeront π avec une erreur moindre qu'une unité du dernier ordre décimal.

En partant d'un polygone dont on connaît le côté, par exemple de l'hexagone, on peut calculer le côté du polygone de 12 côtés (n° 199, rem. 1). De même on peut calculer le côté c_{24} au moyen de c_{12}, le côté c_{48} au moyen de c_{24}, et ainsi de suite. Parvenu à un polygone d'un nombre de côtés assez grand, il est facile d'en obtenir le demi-périmètre à l'aide d'une multiplication. Quant au demi-périmètre du polygone circonscrit, on le déduit de celui du polygone inscrit en divisant ce dernier par son apothème (n° 200, cor.).

Le tableau suivant contient les résultats des calculs qui viennent d'être indiqués. Les nombres relatifs aux polygones inscrits sont approchés par défaut, ceux qui se rapportent aux polygones circonscrits sont approchés par excès à moins de 0,00001.

Nombre des côtés	Côtés des pol. inscrits	Demi-périmètres des pol. inscrits	Demi-périmètres des pol. circonscrits	Différences des demi-périmètres
6	1,00000	3,00000	3,46411	0,46411
12	0,51763	3,10582	3,21540	0,10958
24	0,26105	3,13262	3,15966	0,02704
48	0,13080	3,13935	3,14609	0,00674
96	0,06543	3,14103	3,14272	0,00169
192	0,03272	3,14145	3,14188	0,00043
384	0,01636	3,14155	3,14167	0,00012

La dernière ligne fait voir que π est compris entre 3,14155 et 3,14167; on conclut de là que $\pi = 3{,}141\ldots.$ La valeur 3,1416 serait approchée à moins de 0,0001.

Archimède (mort à Syracuse en 212 av. J.-C.) a trouvé le premier le rapport de la circonférence au diamètre. En considérant les polygones inscrit et circonscrit de 96 côtés, il a montré que ce rapport est compris entre $3\frac{10}{71}$ et $3\frac{1}{7}$. Cette dernière valeur, réduite en décimales, donne 3,14285 .... et surpasse π de moins de 0,0013.

Adrien Métius (mort en 1635) a trouvé $\frac{355}{113}$ pour valeur approchée de π. Si l'on réduit cette fraction en décimales, on a 3,1415929 ...; l'erreur ne porte que sur la septième décimale.

Ludolphe van Ceulen (mort en 1610) a calculé la valeur de

π jusqu'à la trente-cinquième décimale. Voici cette valeur avec 15 décimales, ainsi que celle de son inverse:

$$\pi = 3{,}14159\ 26535\ 89793\ldots$$

$$\frac{1}{\pi} = 0{,}31830\ 98861\ 83790\ldots$$

207. Théorème. *La longueur de la circonférence est égale au produit de son diamètre par le nombre π.*

$$c = 2\pi r.$$

Car on a par définition (nº 205) $\frac{c}{2r} = \pi$; on en déduit $c = 2r.\pi$ ou $2\pi r$.

Cette formule sert à calculer, avec une approximation aussi grande qu'on veut, une circonférence dont le rayon est donné, et réciproquement le rayon d'une circonférence donnée.

Remarque. Dans un cercle de rayon 1, la circonférence $=2\pi$, la demi-circonférence $=\pi$, le quart de la circonférence ou *quadrant* $= \frac{\pi}{2}$, l'arc de $45^0 = \frac{\pi}{4}$, etc.

208. Théorème. *La longueur a d'un arc de α degrés dans un cercle de rayon r est donnée par la formule*

$$a = \frac{\pi r \alpha}{180}.$$

En effet, la circonférence de rayon r étant égale à $2\pi r$, l'arc de 1^0, qui en est la 360e partie, égale $\frac{2\pi r}{360}$ ou $\frac{\pi r}{180}$; par suite l'arc de α^0 égale $\frac{\pi r \alpha}{180}$.

La formule précédente sert à calculer l'une des trois quantités a, α, r, lorsque les deux autres sont données.

Remarque. L'arc dont la longueur est égale au rayon contient $\frac{180^0}{\pi}$ ou $57^0\,17'\,44'',8\ldots$

209. Scolie. La *rectification* de la circonférence consiste à construire avec la règle et le compas une ligne droite qui soit égale en longueur à la circonférence. La solution rigoureuse de ce problème est impossible, mais on connaît diverses méthodes pour rectifier *approximativement* une circonférence donnée quelconque.

Voici deux de ces solutions approchées:

1° On ajoute au triple du diamètre la cinquième partie du côté du carré inscrit; la longueur ainsi trouvée diffère très peu de la circonférence.

2° On divise le diamètre en 5 parties égales et l'on construit un triangle rectangle dont les côtés de l'angle droit contiennent respectivement 6 et 3 de ces parties; le périmètre du triangle est approximativement égal à la circonférence.

L'erreur que l'on commet en remplaçant la circonférence par l'une ou l'autre de ces deux longueurs est moindre que 0,0002, respectivement 0,00005 du diamètre.

§ 2. Aire du cercle.

210. Théorème. *L'aire d'un cercle est la limite commune vers laquelle tendent les aires des polygones réguliers inscrits ou circonscrits, lorsqu'on fait croître indéfiniment le nombre de leurs côtés.*

Démonstration. Soient A et B les aires des polygones réguliers d'un même nombre de côtés, l'un inscrit, l'autre circonscrit au cercle donné. L'aire A du polygone inscrit est plus petite que l'aire K du cercle, et augmente sans cesse quand on double indéfiniment le nombre des côtés. L'aire B du polygone circonscrit est, au contraire, plus grande que celle du cercle, et diminue sans cesse quand le nombre des côtés augmente indéfiniment. Or la différence $B-A$ devient alors plus petite que toute quantité donnée, car de la proportion (n° 193, cor. 3) $\frac{B}{A}=\frac{r^2}{\varrho^2}$ résulte

$$B-A=\frac{B(r^2-\varrho^2)}{r^2},$$

et cette expression s'approche de plus en plus de zéro quand on fait tendre vers zéro les côtés des polygones (n° 201, 3). Donc, à plus forte raison, les différences $B-K$ et $K-A$ deviennent aussi petites qu'on veut, c'est-à-dire que l'aire du cercle est la limite commune des aires des polygones.

211. Théorème. *L'aire d'un cercle est égale à la moitié du produit de la circonférence par le rayon.*

$$K=\tfrac{1}{2}cr.$$

Démonstration. Nous savons (nº 194) que l'aire d'un polygone régulier inscrit est égale à $\frac{1}{2}p\varrho$, c'est-à-dire au demi-produit du périmètre par l'apothème. Mais lorsqu'on augmente indéfiniment le nombre de ses côtés, l'aire du polygone tend vers celle du cercle, le périmètre vers la circonférence et l'apothème vers le rayon. On a donc, à la limite, $K = \frac{1}{2}cr$.

212. Corollaires. 1. *L'aire d'un cercle est égale au produit du carré du rayon par le nombre π.*

Car en remplaçant, dans la formule $K = \frac{1}{2}cr$, la circonférence c par sa valeur $2\pi r$, on trouve la nouvelle formule

$$K = \pi r^2.$$

Elle sert à calculer l'aire d'un cercle dont le rayon est donné, et réciproquement le rayon d'un cercle dont l'aire est donnée.

2. *Un cercle est équivalent à un triangle qui a pour base la circonférence et pour hauteur le rayon du cercle.*

3. L'aire d'une *couronne circulaire* $= \pi(r^2 - r'^2)$, r et r' étant les rayons des deux circonférences concentriques qui comprennent la couronne.

213. Scolie. Le problème de la *quadrature* du cercle consiste à trouver, par une construction géométrique, un carré équivalent au cercle donné.

Ce problème, qui a beaucoup occupé les géomètres, surtout ceux de l'antiquité, et dont on a réussi récemment à démontrer l'impossibilité, est étroitement lié à celui de la rectification de la circonférence (nº 209), attendu qu'un cercle est équivalent à un triangle qui a pour base la circonférence rectifiée et pour hauteur le rayon. Ainsi, pour avoir une quadrature *approchée* du cercle, il suffit de transformer ce triangle en un carré équivalent, ce qui revient à construire la moyenne proportionnelle entre la demi-circonférence rectifiée et le rayon.

214. Théorème. *Dans un même cercle ou dans des cercles égaux deux secteurs sont entre eux comme leurs arcs ou comme leurs angles au centre.*

Démonstration. Si les deux angles au centre sont commensurables, on portera une commune mesure sur eux, de sorte qu'ils se trouvent divisés en parties toutes égales entre elles. Il en sera de même des deux secteurs et de leurs arcs, car à des angles au centre égaux correspondent des secteurs égaux et des arcs égaux (n° 94, 1). Donc il y aura le même rapport entre les secteurs, leurs arcs et leurs angles au centre.

Si les angles sont incommensurables, on emploiera le même mode de démonstration qu'au n° 139.

Corollaire. *Un secteur est au cercle entier comme son arc est à la circonférence, ou comme son angle est à 360°.*

215. Théorèmes. 1. *L'aire d'un secteur est égale à la moitié du produit de son arc par le rayon.*

En effet, on a la proportion (n° 214, cor.)

$$S : \tfrac{1}{2}cr = a : c,$$

d'où

$$S = \tfrac{1}{2}ar.$$

2. *L'aire d'un secteur de α degrés dans un cercle de rayon r est donnée par la formule*

$$S = \frac{\pi r^2 \alpha}{360}.$$

Cela résulte de la proportion $S : \pi r^2 = \alpha^0 : 360^0$. D'ailleurs on pourrait encore déduire cette expression de ce que le secteur de α^0 est égal à α fois le secteur de 1°, lequel a pour mesure la 360e partie de πr^2.

La formule précédente sert à calculer l'une des trois quantités S, α, r, lorsque les deux autres sont données.

216. Corollaire. *Un segment circulaire plus petit que le demi-cercle est la différence entre le secteur et le triangle isocèle correspondants.*

Le segment circulaire est déterminé par le rayon et par le nombre de degrés de son arc ou de l'angle au centre correspondant. Mais en Géométrie on ne peut calculer l'aire du triangle central, et par suite celle du segment, que quand ce triangle appartient à l'un des polygones réguliers qu'on sait inscrire au cercle (n° 198, scolie). Dans tous les autres cas, il faut recourir à la Trigonométrie.

217. Théorèmes. 1. *Les aires de deux cercles sont entre elles comme les carrés de leurs rayons.*

Car si l'on désigne par K et K' les aires de deux cercles, et par r et r' leurs rayons, on a (nº 212, 1)

$$K = \pi r^2, \quad K' = \pi r'^2,$$

d'où, en divisant membre à membre,

$$\frac{K}{K'} = \frac{r^2}{r'^2}.$$

2. *Deux arcs semblables sont entre eux comme leurs rayons.*

Cela résulte de la formule $a = \frac{\pi r a}{180}$ (nº 208).

3. *Deux secteurs semblables sont entre eux comme les carrés de leurs rayons.*

Cela résulte de la formule $S = \frac{\pi r^2 a}{360}$ (nº 215, 2).

On entend par arcs *semblables*, secteurs *semblables*, ceux qui répondent à des angles au centre égaux dans des cercles différents.

218. Problème. *Construire un cercle qui soit la somme de deux cercles donnés.*

Le rayon du cercle demandé sera l'hypoténuse d'un triangle rectangle ayant pour côtés de l'angle droit les rayons des cercles donnés. V. nºˢ 136 et 187.

Corollaire. *(Lunules d'Hippocrate.) Si sur les trois côtés d'un triangle rectangle, pris comme diamètres, et d'un même côté de l'hypoténuse, on décrit des demi-circonférences, la somme des lunules comprises entre les trois courbes est équivalente au triangle donné.*

Car le demi-cercle décrit sur l'hypoténuse est équivalent à la somme des deux autres. En retranchant de part et d'autre les segments de cercle communs, on voit que le triangle est équivalent à la somme des deux figures curvilignes.

Bei Fragen zur Produktsicherheit wenden Sie sich bitte an:
If you have any questions regarding product safety,
please contact:

Walter de Gruyter GmbH
Genthiner Straße 13
10785 Berlin
productsafety@degruyterbrill.com